U0397471

迷人的科学
丛书

ÉTONNANTS
RÉCIFS

珊瑚礁 迷人的

[法] 利蒂希娅·埃杜安　主编

梁云　译

上海科技教育出版社

序

在气候急剧变化的今天，要保护生物多样性，尤其是海洋生物多样性，我们该做些什么呢？如果说该做的事情尚有千千万万、数不胜数，那么，无论做好哪件事情，都必须借助科学知识的力量。要保护海洋中最具代表性的物种——珊瑚，这更是显而易见的道理。

未来，珊瑚会怎么样？人类行为会对珊瑚礁造成什么样的影响？全球珊瑚礁尤其是太平洋珊瑚礁的退化真的不可避免吗？联合国政府间气候变化专门委员会（IPCC）和国际珊瑚礁倡议（ICRI）均对珊瑚礁退化提出预警，强调珊瑚正处于极度危险的状况。2009—2018年这10年间，全球有14%的珊瑚死亡，且主要死亡原因是气候变暖。还有很大一部分珊瑚已处于易危状态，一些珊瑚白化，排出共生体，面临死亡危险。但是，我们对珊瑚又了解些什么呢？珊瑚礁生态系统如何形成，如何运行，如何发展变化？本书通过展示法国岛屿研究与环境观测中心（CRIOBE）自成立至今所完成的卓越工作，来告诉读者，面对环境问题，科学家提出的解决方案既是多种多样的，也是切实可行的。

本书将带我们领略大自然的精妙神奇，并教我们欣赏大自然、观测海洋和海洋生物。因为要破解珊瑚礁的功能，就要具备一定的观测能力，而很多时候我们很难想象，看似简单的观测行为实际需要付出多大的努力。因此，本书还将向我们展示环境观测中心成员所具有的高度的职业素养：细致耐心、富于创新和坚韧不拔。这些品质是成功建立观测站、建设观测基础设施所必需的，而观测是理解生物机能的必备能力之一。

养殖珊瑚、实地观测、实验室研究和海上研究是环境观测中心自建立至今一直贯彻的研究方法，其中整合了对不同层次珊瑚组织的研究。通过研究细胞功能、种群遗传学或相关海洋动物行为学，以及珊瑚礁生态学和生物面临全球气候变化的应激反应，研究人员最终给出修复珊瑚礁生态系统的解决方案。从抽象科学到具体行动，正是这样一条路径，使珊瑚礁能在人类世继续为人类发挥功用、提供帮助、创造财富，或者从更广泛的意义上来说，保护地球上的生物多样性！

埃杜安（Laetitia Hédouin）主持编写的这本书，全方位展示了环境观测中心创立至今取得的研究成果，也使读者得以窥见科学研究能带来的精彩。本书还鼓励读者去探索不同生物之间的互动对于太平洋——这片最年轻、最美丽的海洋的重大意义。

弗朗索瓦丝·加伊

（Françoise Gaill）

前　言

想象这样一种景观，它色彩斑斓、形态各异，景观中大小不同的生物均有其准确的位置和明确的作用，它们之间相互帮助，有着各种形式的互动。继续想象这个令摄影师眼花缭乱、有5亿多地球人赖以生存的景观。再想象这一景观通过给人类提供生态系统服务（体现在旅游业、海岸保护、渔业等），每年能够产生约298亿美元的净利润。

这一景观真实存在，它就是珊瑚礁。珊瑚礁美丽迷人、物产丰富，关乎国家收入和生物多样性，对于海洋世界至关重要。据估计，25%以上的海洋生物多样性集中于珊瑚礁。在本书中，研究员、大学生、工程师、技术专家、博士、博士后向我们讲述珊瑚礁的奇特故事，其中一些你可能闻所未闻。因为珊瑚礁承载着令人惊叹的生物多样性，这种多样性促成生物间异乎寻常的互动，使得数千种生物能够共同栖居于这一世界上最美丽的景观。珊瑚礁中的生命是那么丰富多彩，其功能是那么复杂，对于自然实验室的研究人员而言，它们构成无穷无尽的研究对象。本书将从科学视角，为读者揭开珊瑚礁的奥秘，带领读者更充分地领略珊瑚礁的魅力，更清晰地认识其重要性，因为它们如今危在旦夕。

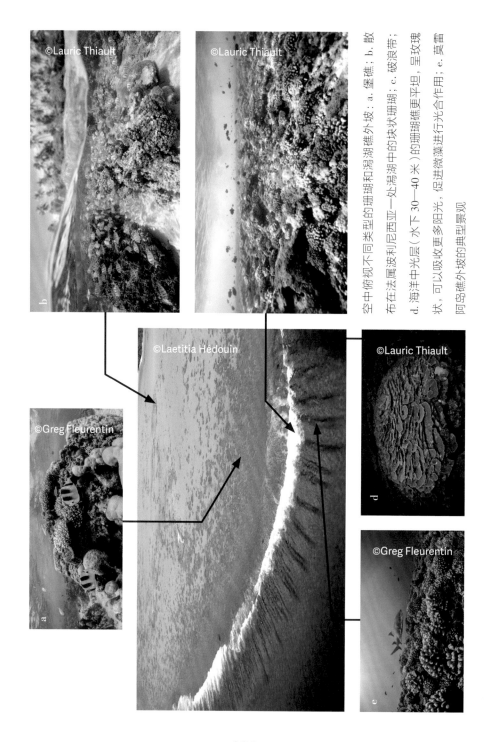

空中俯视不同类型的珊瑚和潟湖礁外坡：a. 堡礁；b. 散布在法属波利尼西亚一处潟湖中的块状珊瑚；c. 破浪带；d. 海洋中光层（水下 30—40 米）的珊瑚礁更平坦，呈玫瑰状，可以吸收更多阳光，促进微藻进行光合作用；e. 莫雷阿岛礁外坡的典型景观

引　言

　　全世界珊瑚礁占地面积约为 30 万平方千米，不到海洋总面积的 0.1%。然而，珊瑚礁庇护着 100 多万种有记载的生物，其中包括 8 000 多种鱼和 800 多种珊瑚。另外，据科学家估计，还有数百万种生物有待发现。一处珊瑚礁的美丽不仅在于其间生活着的成千上万色彩缤纷的生物，还在于其所在的水域海水清澈、湛蓝，使得景致更加迷人。珊瑚礁通常被称作生物多样性的绿洲或港湾，因为人们实在无法想象：珊瑚礁海域营养物质如此匮乏，却能够支持生命的蓬勃发展。这到底是怎么一回事呢？

　　珊瑚礁的奥秘之一在于它的关键种群——珊瑚。石珊瑚目（Scleractinia）中的许多珊瑚被称为"造礁石珊瑚"，它们在地质发展过程中构建并塑造了现在的珊瑚礁景观。造礁石珊瑚是一种非典型生物，处于动物、植物和矿物三界交汇处。事实上，它是与共生藻科（Symbiodiniaceae）共生的动物。共生藻进行光合作用，能够满足珊瑚所需能量的 90%。正是得益于这种共生关系，造礁石珊瑚才能构建钙质骨骼，获取能量用以生存、生活、繁殖并成长。珊瑚骨骼又成为其他动物进一步建造大型海洋结构的基础，这些大型海洋结构甚至在太空中都可以被看到。

　　现代珊瑚出现于大约 2.35 亿年前，并在距离我们最近的物种灭绝大危机（6 500 万年前）中幸存下来——恐龙正是在这次危机中灭绝的。现代珊瑚属于一种非常原始、非常简单的动物门类：刺胞动物门（Cnidaria）。刺胞动物门出现在 7.4 亿年前，其特点是动物用以摄食的触手中均含有某种形式的刺细胞。

珊瑚礁分布于赤道带，主要集中在南北回归线之间，但也向南或向北延伸到其他有暖流经过的海岸。目前已知的造礁石珊瑚大约有 800 种，但是大西洋－加勒比海地区和印度－太平洋地区之间的珊瑚种类完全不同。印度－太平洋地区内位于东南亚的"珊瑚三角区"拥有最丰富的珊瑚种类（620 余种珊瑚），因此该地被称为珊瑚多样性的"热点"。从这个地区往东，珊瑚种类逐渐减少，到法属波利尼西亚*，统计到的珊瑚种类约为 200 种。

法波珊瑚礁位于世界最宽广的海洋——太平洋的中心位置，它们远离大陆，离澳大利亚有 6 000 多千米，离日本则有 10 000 多千米。法波占据 500 多万平方千米的专属经济区（这相当于整个欧洲的面积）。它拥有 118 座火山活动形成的岛屿，其中的 77 座环礁占世界环礁总量的 20%。这 118 座岛屿分布在五大群岛，它们分别是：土阿莫土群岛、甘比尔群岛、马克萨斯群岛、社会群岛和南方群岛。每个群岛都独具地质和环境特色，因而每个群岛的珊瑚礁也各具特色。

珊瑚礁的形成要经历不同的阶段，不同阶段产生不同的形态，从岸礁到堡礁，不同形态取决于形成珊瑚礁的火山的年龄。最初，一处热点穿透海床，形成火山。随着时间推移，这座火山随着太平洋板块以每年十几厘米的速度向西北方向漂移。当火山远离热点并冷却之后，其上的陆地生命和海洋生命就开始繁盛。珊瑚开始固着火山侧翼，在浅水处形成岸礁（和陆地平齐，是海岸的延伸）。但是火山岛继续随着太平洋板块移动，同时还在下沉（沉降）。珊瑚则继续在近水面处生长。这样一来，火山岛的岸线离围绕火山的珊瑚环带越来越远。因此这一距离能够指示岛屿的年龄：岸线与珊瑚环带距离越近，岛屿越年轻。此外，珊瑚礁和火山岛岸线之间的水域（称作水道）越来越深，显现出一道堡礁。最后，当火山完全沉没在海平面以下，我们只能看见外露的环状珊瑚礁时，环礁就形成了。

---

* 以下简称"法波"。——译者

这段珊瑚礁的演化史，是达尔文（Charles Darwin）于19世纪提出的。他的假设是：岛屿随时间移动或沉降，且正是由于珊瑚一直纵向往水面处生长，所以不同形态的珊瑚礁可以被观察到。1842年他在太平洋航行时，还注意到波利尼西亚的岛屿排列有着同样的走向："社会群岛和土阿莫土群岛被一条狭长的水路分隔开，这种平行的走向证明它们之间存在某种关系。"达尔文的这些观点在当时非常具有革命性，之后被逐渐证实。

社会群岛的各个岛屿像珠子一样从东南向西北排列，横跨约900千米的距离。这些岛屿是梅海蒂亚岛火山热点和其他许多沉没火山活动的结果——这些沉没火山距离塔希提岛东南100多千米。所有岛屿沿着太平洋板块移动方向排列，较年轻的岛屿在东南方向，较古老的岛屿则在西北方向。梅海蒂亚岛是社会群岛中最年轻的岛屿（100万年），尚未形成堡礁。其次是塔希提岛（90万—130万年）和莫雷阿岛（170万—190万年），均已形成发育尚不完备的堡礁和潟湖。再次是胡阿希内岛和塔哈岛（250万—310万年）、赖阿特阿岛（240万—250万年）和距梅海蒂亚岛420千米的波拉波拉岛（240万—340万年）。形成波拉波拉岛的原始火山已经沉没，该岛的魅力来自其神秘的景观和广阔的潟湖，潟湖也证明了火山岛沉降的事实。最后，锡利环礁和贝灵豪森环礁位于群岛西北部，是最古老的珊瑚礁（600万—650万年）。

另一些热点则造就了其他群岛的岛屿，如麦克唐纳火山决定了南方群岛各岛屿的排序。土阿莫土群岛则完全由环礁组成，由东南的雷奥环礁至西北的马塔伊瓦环礁，绵延1400千米。

根据岛屿的地势高低、地质条件和年龄，能够看到不同类型的珊瑚礁，其中最有特色的是岸礁、堡礁和礁外坡。

就构造和形成来讲，岸礁相对比较简单。它们通过礁坪（布满死珊瑚或活珊瑚的裸露岩石）和海岸连接，若岛屿有人居住，海滨地区往往人满为患，因此岛屿陆生产物或人为产物对岸礁影响很大，可能使岸礁遭受污染，出现沉积物增多或富营养化现象。由于岸礁位于近岸海域，其多样性一般不如远离海岸的珊瑚礁。

堡礁通常远离海岸，两者之间有可通航的水道。堡礁的特点是其物种的多样性和丰度都比岸礁的高。堡礁可能包含比较深的水域，覆盖面积也比岸礁大，它拥有更宽广的沙滩、礁坪，分布在潟湖中的无数点礁（隆起的小型珊瑚结构）和分散的小台礁。

礁外坡是珊瑚礁的外部区域，朝向大洋，从礁脊开始一直延伸至100多米深的水下。礁外坡被各种珊瑚占据，也是珊瑚礁物种复杂互动的场所。其景观随着水深而变化，浅水处为粗壮坚固的珊瑚，深水处为固着于岩石的扁平珊瑚，在10—30米的平静水域为分枝状珊瑚，而30米以下的中光层，光照虽然有限，但仍然有石珊瑚生活。

珊瑚礁多种多样，复杂丰富，给我们带来很多难解的谜题，法波也在过去50年引来众多专家学者瞩目。从描述生境和生物多样性，到分析威胁珊瑚礁的种种现象，尤其是由于近20年气候变化加速，珊瑚礁相关研究更是不断推进。今天，全世界的珊瑚礁都面临消失的危险，IPCC称，如果气温增加1.5℃，到2100年，全世界70%—90%的珊瑚礁都会消失，如果增加2℃，那么99%的珊瑚礁都可能消失。所以现在，我们比以往任何时候都更需要梳理记录珊瑚礁的状况，这样才能理解其运行机制和恢复力。同时，科学家也开始寻求解决方案，以拯救这个世界上最美丽的生态系统。在本书中，你将通过一些异乎寻常的故事，如珍珠鱼的奇遇，或者一些令人伤心的故事，如珊瑚白化事件，来了解神奇而迷人的珊瑚礁。面对悲观的现状，科学家更加积极地探索着各种各样新颖奇特的解决方案，希冀能够保护美轮美奂的珊瑚礁景观和无与伦比的珊瑚礁生物多样性，因为世界上有5亿人口以此为生。

堡礁

1

珊瑚礁的
建造者

图 1.0　莫雷阿岛一半在水中、一半在水外的珊瑚礁景观

多种多样的波利尼西亚珊瑚

珊瑚礁的建造者——造礁石珊瑚，是一种奇特的生物，处于动物界、植物界和矿物界的交汇点，拥有为其所独有的特征。正是这些珊瑚礁建造者成就了法波的主体：此处的环礁完全是珊瑚日积月累建造的成果，没有珊瑚，就不会有波利尼西亚的环礁！

图 1.1.1　遍布法波潟湖的分枝状珊瑚丛：佳丽鹿角珊瑚（*Acropora pulchra*）

图 1.1.2　法波潟湖中大量生长的杯形珊瑚（*Pocillopora*）和滨珊瑚（*Porites*）

　　这些珊瑚跋涉万水，逐渐散布于整个波利尼西亚。它们虽然大多数都来自西太平洋，但在法波不同群岛间具有明显的分布差异。法波的珊瑚种类总共有大约 250 种，但是离赤道较近的马克萨斯群岛只有 26 种，而社会群岛和南方群岛有 140 种，土阿莫土群岛 120 种，波利尼西亚东南角的甘比尔群岛有近 70 种。

　　这里需要特别提到的是社会群岛，那里生长着法波其他群岛所没有的珊瑚品种。尤其是法波最南端的拉帕岛，是整个波利尼西亚珊瑚种类最丰富的岛屿之一。那么，珊瑚真的如人所说那般喜欢热带水域吗？答案是肯定的。不过，拉帕岛再南也离南极洲还有一定距离，尽管这里造礁进程缓慢，还有其他很多原因促成了这里的珊瑚多样性。

　　不得不承认：由于法波海洋覆盖面积如此之广（超过 500 万平方千米），相比之下，我们对波利尼西亚珊瑚和珊瑚礁的了解还远远不够。

图 1.1.3　莫雷阿岛潟湖的蔷薇珊瑚（*Montipora*）

　　早在 1823 年 6 月，勒松（René Primevère Lesson）随从迪佩雷（Louis Isidore Duperrey）进行环球科学旅行*（"贝壳号"之旅）时，就在波拉波拉岛采集到了波利尼西亚的第一块珊瑚，这块珊瑚被形象地命名为"太阳花珊瑚"**。但是直到 1875 年 9 月，英国"挑战者号"环球考察时才首次对塔希提岛的珊瑚进行了粗略的统计。此后百年间几乎再无新进展。直到 20 世纪后半叶舍瓦利埃（Jean-Pierre Chevalier）研究的问世，世人才得以真正发掘和认识波利尼西亚的造礁石珊瑚。

　　虽然不是每一处珊瑚礁都能全然体现珊瑚多样性，但是法波每一处均具有万千奇特的形态和鲜艳华丽的色彩：最平静的水中是分枝状、易碎、形态高雅且色泽艳丽的珊瑚，近破浪带岩石处是坚固、呈团块状的珊瑚，更深处是盘状的珊瑚。每一种珊瑚都对栖息地有独特的偏好，随着深度增加，珊瑚景观不

---

　　* 该环球旅行的时间为 1822—1825 年。——译者

　　** 法语为 Tubastrée écarlate，拉丁学名为 *Tubastraea coccinea*，学术界称为"猩红筒星珊瑚"，是一种突出的筒状橘黄色珊瑚，俯视很像太阳。——译者

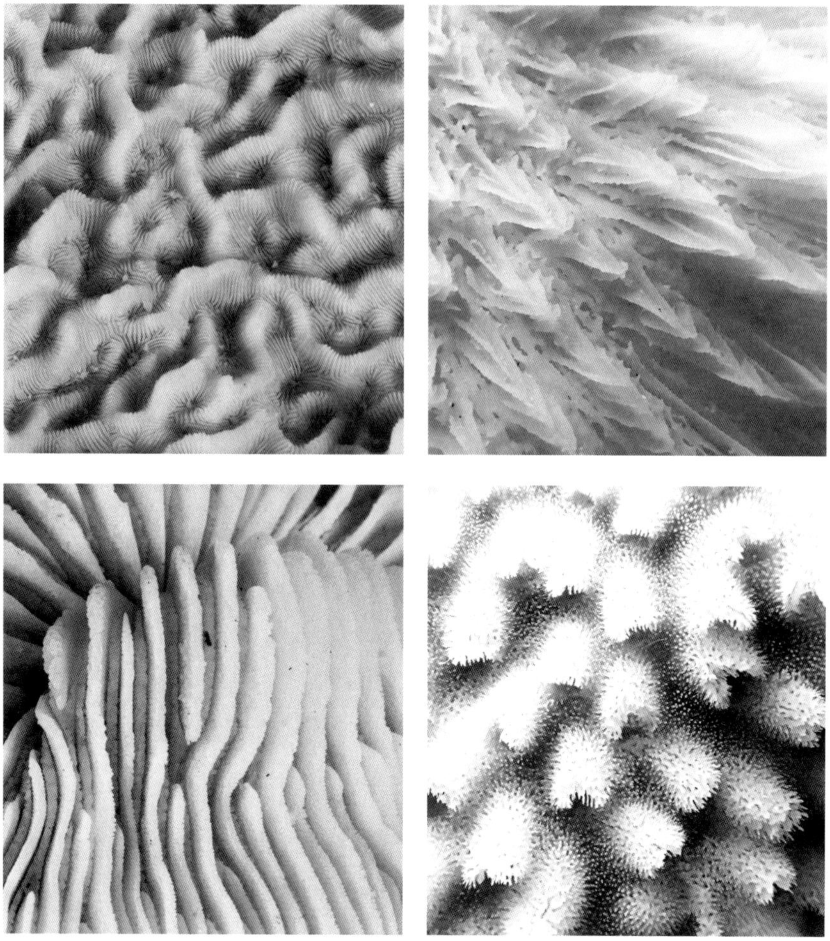

图 1.1.4　显微镜下观察到的珊瑚骨骼图
像，能展示出肉眼看不见的细节，在鉴别
珊瑚种类方面具有关键作用

©Laetitia Hédouin

© Lauric Thiault

图 1.1.5　盘状的珊瑚通常形成被称为"珊瑚玫瑰"的群落

断变化，也更加奇幻莫测。尽管较深水域的珊瑚愈加稀少，但依旧隐藏着不少惊喜。在阴暗神秘的中光层，还有新的种类等待我们去发现，每一次不期而遇都将为我们带来无限快乐，当然这也意味着显微镜下漫长的观察研究！

（米歇尔·皮雄　波利娜·博瑟雷勒）

图 1.1.6　珊瑚形态示例：a. 皮壳状的棘星珊瑚（*Acanthastrea echinata*）；b. 桌状的风信子鹿角珊瑚（*Acropora hyacinthus*）；c. 团块状的盘星珊瑚（*Dipsastrea*）；d. 可移动的石芝珊瑚（*Fungiidae*），也被称为"蘑菇珊瑚"；e. 叶片状的球牡丹珊瑚（*Pavona cactus*）

©Laetitia Hédouin

微小但强悍的微生物：
珊瑚礁健康状况的决定因素

      包括珊瑚虫在内的所有珊瑚礁生物，都和人类一样，与大量微生物保持着密切的关系。我们常常倾向于把微生物和疾病等同起来，却往往忽略了它们的益处。由于气候变暖产生的影响，以及人类活动给珊瑚礁造成的压力，研究人员开始认真审视这数百万看不见的微生物，并对它们可能带来的帮助满怀期待。近10多年来，科学家借助DNA研究成果，终于认识到这个微生物类群的多样性特征，以及它们在维护珊瑚礁生态系统正常运转中的作用。最近几年发生的大规模珊瑚白化现象，不过是珊瑚虫和其共生微生物间这种宝贵共生关系失和的结果。

      珊瑚白化的实质是：气温异常升高之类的环境剧烈变化导致珊瑚虫和寄生在珊瑚细胞中的微藻虫黄藻（Zooxanthellae）分离，珊瑚虫处于应激状态。虫黄藻对珊瑚极其重要，它们可以通过光合作用，给珊瑚提供生存所需的多种糖类。过去，人们一直认为虫黄藻属于同一种，但现代遗传学技术则发现了10余种虫黄藻，且每一种对不同环境压力的敏感度都有差异。这使得珊瑚虫能在不同环境条件下与不同的虫黄藻共生，从而应对气候变暖。例如，波斯湾就存在一种特殊的虫黄藻，可以适应36℃的高温海水。

      珊瑚还与数百万种细菌保持密切关系，这些细菌对珊瑚的健康至关重要：它们能产生有毒物质，保护珊瑚免受致病菌的侵袭，尤其能在应激状态下，给珊瑚提供营养素。这样一来，当珊瑚与虫黄藻的共生关系破裂时，细菌能有助于珊瑚从白化中存活下来。还有些细菌能够维系虫黄藻与珊瑚之间的共生关系，减少珊瑚白化：这类细菌似乎可以抑制虫黄藻排出，从而保住珊瑚最主要的食源。

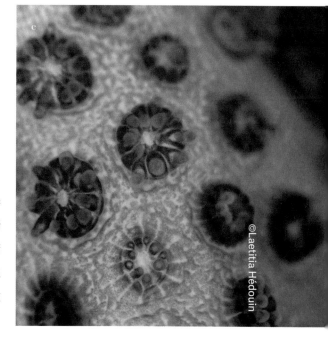

图 1.2.1　a. 鹿角杯形珊瑚（*Pocillopora damicornis*）的珊瑚株；b. 鹿角杯形珊瑚的珊瑚枝，其上的数百个珊瑚虫清晰可见；c. 体视镜下观察到的珊瑚虫细节：中央为口器，触手清晰可见，数千个栗色圆点是珊瑚组织中活的微藻

©Laetitia Hédouin

最后，珊瑚礁生物还与其他一些较少被研究的微生物有密切关系。例如，有科学家发现珊瑚的细胞和骨骼中均寄生有其他微藻，细胞中的这种寄生虫被称为 corallicolid，骨骼中的被命名为 ostreobium*。这些微生物的作用尚不清楚，但它们大量存在于珊瑚体内，这意味着它们对珊瑚的健康有影响。更令人惊奇的是，病毒一般会引发疾病，但是有些病毒可以攻击致病菌，从而保护珊瑚免受疾病侵袭。

© Lauric Thiault

图 1.2.2　珊瑚礁是珊瑚礁生物与微生物相互作用的场所，这些微生物包括微藻、细菌和病毒，它们对维持珊瑚礁的健康运转发挥着积极作用

* corallicolid 和 ostreobium 均为新发现的珊瑚共生微藻，尚未见中文译名。——译者

未来的研究还会进一步揭示整个微生物群落对珊瑚礁健康状况所起的作用。无论如何，绝大部分的珊瑚礁生物不但不排斥微生物，反而还能与其和平相处，共同为珊瑚礁生态系统的正常运转做出贡献。

（卡米耶·克莱里西　埃米莉·布瓦森

卡罗琳·E.迪贝　爱洛伊丝·鲁泽）

珊瑚虫的私密时刻

就算到了今天，有很多人头戴面镜、脚穿蛙鞋在水下观察珊瑚礁时，依然以为自己在欣赏色彩斑斓、形态各异的岩石……这样想可就大错特错了，它们可不是一般意义上的"大岩石"，而是珊瑚虫！这种非同寻常的生物，既是动物，也是植物和矿物。这是怎么回事呢？其实很简单，珊瑚虫这种动物与虫黄藻（极小、肉眼几乎看不见）这种微藻共生，并能建造钙质骨骼。正是这种结合了植物界、动物界和矿物界的复合特征造就了形态万千、色彩丰富的珊瑚，并打造出美轮美奂的珊瑚礁。但是珊瑚虫的独特性并不止于此！它与任何动物一样，还有属于自己的浪漫和私密时刻，可惜这一点数十年来都

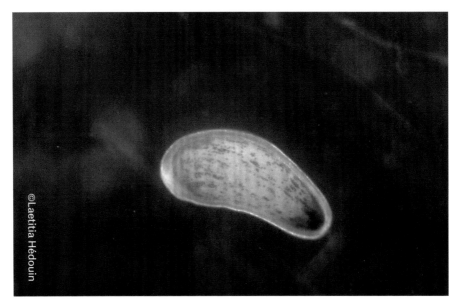

©Laetitia Hédouin

图 1.3.1　出生数小时的鹿角杯形珊瑚幼虫，其细胞内已含有进行光合作用的微藻（栗色小斑点），可以给珊瑚幼虫供给能量

不为人所知。实际上，早在 1790 年，卡沃里尼（Filippo Cavolini）就记录了珊瑚虫产卵现象，他发现，珊瑚虫产下了"珊瑚宝宝"，并将其称作"珊瑚幼虫"（只有几毫米长）。此后差不多 200 年间，人们一直以为珊瑚虫是胎生的，与包括人类在内的绝大部分动物一样。也就是说，它们孕育幼虫，待其足够强壮再排入水中！

然而，在 20 世纪 80 年代初，发生在澳大利亚大堡礁的一幕让全世界瞠目结舌！那是满月后的某个晚上，日落几小时后，科学家在大堡礁见证了一幕壮观而奇异的景象：100 多种珊瑚虫同时将雌配子（卵子）和雄配子（精子）排入水中！这就是珊瑚虫产卵现象，通常被称作"海底飞雪"，因为这无数的粉色或橙色配子会从海底漂浮到水面，并随洋流浮游多日。在捕捉到珊瑚虫私密时刻的同时，科学家还惊奇地发现，有些珊瑚虫要么是雄性要么是雌性（雌雄异体），有些则是雌雄同体，即同时是雌性和雄性珊瑚！在观察珊瑚虫产卵时，科学家更加关注雌雄同体的珊瑚，并用视频记录下这奇妙的时刻。如果只看视频，我们可能认为雌雄同体的珊瑚虫只排出雌配子（粉色或橙色的小球），随后雌配子漂浮至海面。但是如果仔细观察，我们会发现，雌雄同体的珊瑚虫实际上排出的是一个密实的精卵团（形如足球），中心包含雄配子。排入海水 30—40 分钟之后，这个精卵团会破裂，释放出雌雄配子，雌雄配子再去寻找各自的伴侣进行交配。不过，每个配子都要找一个在遗传上相异的伴侣，因为珊瑚虫几乎不会自体受精！更神奇的是，一些所谓的"蘑菇珊瑚"在一生中是可以变性的，还有一些珊瑚虫不需要雄配子也可以生成幼虫，也就是幼虫通过孤雌生殖由未受精的雌配子形成。总而言之，珊瑚虫的性别远比人类的更复杂、更多样。对于一种没有大脑的动物，这一点实在令人震惊！

那短短几小时的浪漫生活不仅是见证奇迹的时刻，它们对珊瑚虫的生活史更具有举足轻重的作用。珊瑚虫虽然可以通过出芽（也称断枝）进行无性生殖，但这样会产生基因完全一致的珊瑚碎片。有性生殖则能给珊瑚礁带来无数个基因独

图 1.3.2　莫雷阿岛 9 月满月过后，浪花鹿角珊瑚（*Acropora cytherea*）产卵

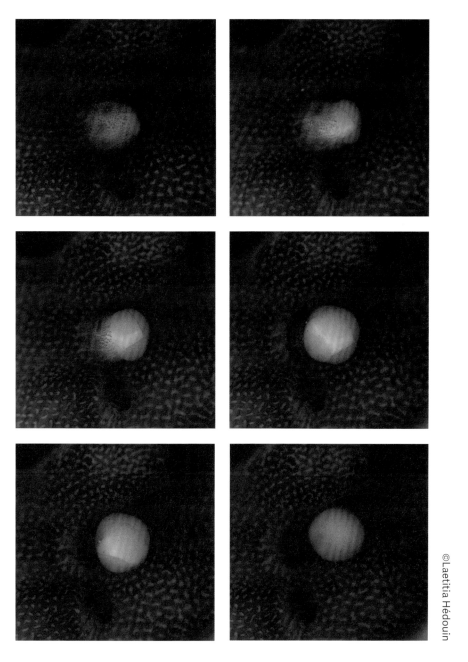

©Laetitia Hédouin

图 1.3.3　一只珊瑚虫的产卵过程：每只珊瑚虫都会排出一个雌配子（粉色）和雄配子（中心白色）构成的精卵团，即我们观察到的球形体

特的"珊瑚宝宝",这有利于基因重组和多样化发展。那为什么我们没有更早发现珊瑚虫进行有性生殖的私密时刻呢？主要原因在于，珊瑚虫产卵是在夜间，而且每种珊瑚都有一个精确的产卵时间（例如法波莫雷阿岛某珊瑚虫产卵的时间是在10月月圆后第9天晚上10点20分），但是这个时间也会因为珊瑚所处的地区不同而有差异。现在，地球上28万平方千米的地方分布着约800种不同的珊瑚虫，这也解释了为什么珊瑚虫的性生活在很多地方还是一个巨大的谜团。

假如你有幸目击这一浪漫时刻，一定要好好欣赏，因为这种场面实在蔚为壮观、非常罕见。另外，千万不要忘了，你所看到的每个雌配子，都可能成就一片壮丽的珊瑚礁。

（利蒂希娅·埃杜安）

为珊瑚服务的共生蟹

造礁石珊瑚中，分枝状珊瑚会形成最复杂的栖息地，因而能容纳很多其他物种栖居，梯形蟹（Trapeziidae）就是其中之一。梯形蟹还很小的时候，就定居于珊瑚，此后，随着珊瑚慢慢长大，"住所"规模一点点扩大，其他物种才接踵而至。当珊瑚达到相当规模时，鼓虾、鰕虎鱼（Gobiidae）和其他生物也来安家落户。这样，一株珊瑚就形成一个微生态系统，各种蟹、虾、鱼都生活在一起。珊瑚及其"居民"的同居关系通常被称作互利共生关系。确实，无论是对珊瑚还是对其外共生生物，即生活在珊瑚枝丛间的"房客"而言，它们之间的互惠互利关系自小就产生了，而且会一直存在下去。

珊瑚不仅为外共生生物提供了躲避天敌的庇护所，还以自身分泌的黏液为它们提供食物。梯形蟹就常常利用步足的指节获取这种喜爱的食物。相应地，这些外共生生物也会以不同方式回报珊瑚，使其保持良好的健康状况。梯形蟹是最负盛名的回报者，它们就像勤勤恳恳的保洁员，能够彻底清理珊瑚上面的沉积物，这就让珊瑚自己免去这种苦役，也能避免因沉积物过多而窒息。此外，梯形蟹也是名不虚传的珊瑚卫士，它们敢于对抗可怕的珊瑚杀手——棘冠海星（Acanthaster planci），棘冠海星常被称作"继母的靠垫""荆棘王冠"或"塔拉米阿"（Taramea）*。人们曾经目击的对抗场面令人印象深刻："捕食者一来，螃蟹小小的身躯（1—2厘米）就盘踞在珊瑚枝顶端，夹住并剪断海星的吸盘（管足），直到海星败退。"

随着珊瑚不断长大，还会有很多不同种类的外共生"房客夫妇"入住珊

---

* 波利尼西亚语，意为"长矛"。——译者

瑚,这也意味着有更多的生物为珊瑚提供生态服务。所以共生关系对分枝状珊瑚的生存至关重要,而且这种关系从珊瑚年幼即最易受攻击的时期就开始了。从更广泛的层面看,这种共生关系对维持珊瑚礁的生态系统平衡具有关键作用。可惜螃蟹 – 珊瑚的共生关系本身也受气候变化的影响。举例来说,由于海水升温过快,珊瑚会产生生理应激(通常称为珊瑚白化),从而变得不再友好,成为一个充满竞争性(生产的食物更少)的住所。因此,那些战斗力不足的外共生物种将不得不去寻找其他珊瑚定居,这样就很容易将自己暴露给环境中的天敌。

图 1.4.1　夜晚,法波土阿莫土群岛的法卡拉瓦环礁,一只塞氏梯形蟹(*Trapezia serenei*)正在保卫自己栖居的珊瑚

(爱洛伊丝·鲁泽)

火珊瑚：谁惹谁倒霉

"珊瑚"一词经常被用来等同于可进行光合作用的石珊瑚，即"硬珊瑚"，或造礁石珊瑚。实际上，石珊瑚并非珊瑚礁唯一的明星，珊瑚礁里还有很多其他种类且扮演着重要角色的珊瑚，包括软珊瑚、黑珊瑚和火珊瑚。

其中，火珊瑚（*Millepora* spp.，又称两叉千孔珊瑚）就是构成珊瑚礁的重要成员。法波目前只发现一种火珊瑚——扁叶多孔螅（*Millepora platyphylla*）。无论在潟湖还是水深 40 米的礁外坡，都能见到它们的身影。虽然名为珊瑚，但火珊瑚并不像石珊瑚那样归属珊瑚纲，而是与某些水母一样，属于水螅纲。火珊瑚的特殊性在于其拥有钙质骨骼，能像造礁石珊瑚那样建筑礁体。另外，火珊瑚有类似于水母的充满毒液的刺丝胞，能释放毒素，使皮肤产生灼烧感，火珊瑚的名字就来源于此，所以它们也不是平白无故被划分为水母的近亲的！也正因如此，火珊瑚为潜水员、冲浪者和游泳者所熟知。

在珊瑚礁上，火珊瑚既是石珊瑚的有力竞争者——竞争生存的空间，也是忠实的同盟——共同应对棘冠海星的入侵。在与石珊瑚的竞争中，它们往往能够胜出，然后茁壮成长，占据大片海底空间。面对棘冠海星，它们也是唯一能制胜的珊瑚，甚至能为近亲石珊瑚争得一片立足之地。

火珊瑚还是优秀的移民，它们主要通过断裂生殖：一小段火珊瑚被海浪打断后，可以重新在海礁上立足并形成整个珊瑚群体。除了无性生殖，火珊瑚也可以进行有性生殖。它们本身为雌性或雄性，到成熟期就会排出极其微小的水母体，被称为类水母体，其中包含雌配子和雄配子。火珊瑚在水中释放配子并完成受精的速度很快。这样形成的幼虫栖居珊瑚礁并变态发育成第一个水螅体，这个水螅体会不断出芽（自我复制的过程）长大，形成一个全新的珊瑚群体。

图 1.5.1　莫雷阿岛礁外坡上发现的扁叶多孔螅：这片火珊瑚为"多叶树"状，其特征是有一个皮壳状的基底和垂直的板片

　　要分辨火珊瑚，千万不要单靠其外表，因为火珊瑚的外在形态会随着居住环境的变化而变化。它们可以是表覆形、团块状的，也可能生出板叶，长得像一棵枝繁叶茂的大树。火珊瑚区别于造礁石珊瑚的另外一点是，它有两种水螅体，一种张着口来获得营养，另一种则可捕获它们的猎物——桡足纲。由于火珊瑚的整体形状会随环境变化，所以在多种珊瑚共存的地带，只能凭借这些微小的形态差异来辨别火珊瑚。

　　火珊瑚无疑丰富了波利尼西亚的岛礁，但它们也面临着与造礁石珊瑚一

图1.5.2 2016年全球珊瑚大规模白化事件中，莫雷阿岛礁外坡的景象：扁叶多孔螅依然健康，而造礁石珊瑚，尤其是杯形珊瑚则大片白化

样的威胁：火珊瑚也与虫黄藻共生，因而同样有白化的危险。不过，对海洋酸化这样的环境威胁，火珊瑚则没有那么敏感，因此在未来，它们可能成为建造珊瑚礁的中坚力量。

（卡罗琳·E.迪贝 埃米莉·布瓦森 塞尔日·普拉内）

珊瑚藻：珊瑚的得力助手

　　珊瑚礁上的珊瑚藻是薄壳状的红藻，属于红藻门（Rhodophyta），珊瑚藻目（Corallinales）。藻体钙化使它们貌似岩石，颜色一般接近红色或粉色。珊瑚藻是继珊瑚之后第二大珊瑚礁建造者。在社会群岛和土阿莫土群岛，它们还是不断遭受着强海浪冲击的藻脊的主要生物建造者。

　　珊瑚藻的作用远不止于建造珊瑚礁。事实上，除了造礁生物的角色，它们还为珊瑚提供生长发育所需的基底，促进并决定珊瑚的某些生长阶段。因为珊瑚繁殖的浮游幼虫需要固着于合适的基底才能变态发育成水螅体，进而形成新的珊瑚群体。在当今气候变化和人类活动的威胁下，这些新珊瑚群体对珊瑚礁的存亡至关重要。

　　珊瑚藻表面或钙化枝节中所含的植物化学物质或微生物可能吸引了珊瑚幼虫。莫雷阿岛皮石藻（*Titanoderma prototypum*）的植物化学物质或微生物种

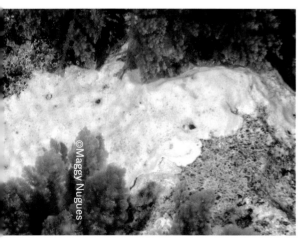

图 1.6.1　左为孔石藻，右为皮石藻

类含量比孔石藻（*Porolithon onkodes*）中的丰富，因此，前者对珊瑚幼虫的吸引力也要大得多。目前，对珊瑚藻释放的微生物和特殊代谢物的研究已经成为热点问题，因为发现吸引珊瑚幼虫的新分子对珊瑚礁的管理和修复具有重要的理论意义和应用价值。

　　只不过，珊瑚藻和珊瑚之间的关联似乎比较脆弱。珊瑚藻对珊瑚幼虫的吸引力往往受到环境变化的影响，尤其会受到水体缺氧、海洋酸化和噪声污染（船只发动机噪声）的影响。因此未来，在将珊瑚幼虫引入珊瑚礁的同时，需要将人类活动对环境的改变纳入考量。

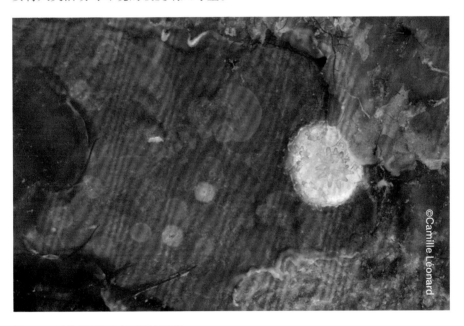

图 1.6.2　新近固着于皮石藻的珊瑚

　　最后，并非所有的珊瑚藻都对珊瑚幼虫友好。因为珊瑚幼虫在固着后，还会与某些藻类竞争生存空间，因此不光要研究珊瑚藻的丰度，还要关注它们的成分，以评估其是否有利于珊瑚幼虫定居。

（玛吉·尼格　亨德里克耶·约里森　伊莎贝尔·博纳尔）

珊瑚与波利尼西亚文化

珊瑚在波利尼西亚的文化表征中占据着极为重要的位置。在描述夏威夷岛宇宙创生历程的颂歌《库木里坡》(*Kumulipo*)中,珊瑚虫是位列第一的海洋无脊椎动物创造物。颂歌开篇第一首讲述生物出现的歌词说道:珊瑚纲的珊瑚虫和红珊瑚交配产生了海虫,然后又产生了棘皮动物(Echinodermata,如海胆、海星和海参)。珊瑚虫之所以位于夏威夷生物链的顶端,是因为它在神秘的创生过程层面,完美诠释了波利尼西亚的启蒙思想意识,这种思想意识的前提假设是存在一种由海洋深处到海面和生命的上升运动。因此,珊瑚生长,就

图 1.7.1 莫雷阿岛泰马埃潟湖的佳丽鹿角珊瑚枝丛

如同植物生长，是生命发展和永续存在的波利尼西亚式象征。这正如波利尼西亚历史上曾经出现的一则预言所述："木槿要长大，分枝状珊瑚要长高，人却要死亡！"

在土阿莫土群岛，鹿角珊瑚就曾代表着海洋的生命力以及势不可挡向光生长的力量。这一象征意义和鹿角珊瑚平均每年 10—15 厘米，甚至年均 25 厘米的生长速度不谋而合。在土阿莫土的传说中，鹿角珊瑚是卡纳神（Kana）的浓密头发的外化。该神被当作名为瓦沃（Vavau）的水下起源地的树形化身，有利于丰富潟湖点礁中某些鱼类和龟类的数量。因此，土阿莫土环礁的渔民们经常将活的鹿角珊瑚采下来，在马拉埃（marae）*用于供奉海神鲁阿哈图（Ruahatu）。

团块状的滨珊瑚生长速度较慢（每年 0.6—1.8 厘米），曾被认为是普伽神（Puga）的化身。环礁的渔民则用滨珊瑚供奉两位居住在滨珊瑚中的神明。由此可见，在古老的宗教体系中，献给住在珊瑚中的神的祭品能够保证海洋物种丰裕，还有助于维持海洋世界的平衡。

马拉埃这一古老的宗教场所，其最神圣的部分（被称为 ahu）也总是由珊瑚石板建成。珊瑚石板和火山石结合，象征了海洋生命力（珊瑚）与陆地生命力的结合。在一些祈求鱼龟富足的仪式中，人们还会使用珊瑚雕刻件。

从物质的角度看，在土阿莫土被称作"konao"的死珊瑚常被用来制作各类工具，主要是锉、夯、铅坠、渔网沉子，还会被用于建造住房或宗教场所的基座。珊瑚礁区域地貌形态多样（包括礁塘、礁崖脊槽、水道、潮汐通道），物产丰富，自远古以来就向太平洋岛民提供了大量的食物，保证了他们的生存。珊瑚礁也为波利尼西亚人提供了大量有用的物种栖息地，这一点充分体现在波利尼西亚的语言上，特别是针对土阿莫土群岛诸环礁有很多准确贴切的词汇，体现了岛民们在数世纪的生活过程中，对居住环境了然于心，亦能针对不同地

---

* 波利尼西亚传统中提到的一种古老的宗教场所。——译者

区的特点采取不同方式（捕鱼或采集贝壳的技巧）开采并利用资源。此外，他们还可以直接到达礁外坡，捕捞到更大的鱼，如鲹鱼、石斑鱼、鹦嘴鱼，甚至是海龟、鲨鱼这样的物种。

图1.7.2　团块状的滨珊瑚，亦称"珊瑚马铃薯"

　　但在从前，所有这些海洋岛礁资源都是按照存在状况和严格的宗教规则获取的：某些礁体或潟湖甚至会被暂时限制捕捞（禁捕），以保护某种特定资源。此外，用珊瑚石建造的矮墙收集库可以保存捕获的鱼，只为将其留至部族盛典时食用。

（弗雷德里克·托朗特）

图 1.7.3 莫雷阿岛礁湖珊瑚景观：桌状的浪花鹿角珊瑚

2 珊瑚礁的功能

◀

图 2.0　鲨鱼聚集在珊瑚礁

火山、岛屿、珊瑚礁：
一段漫长的共同史

  波利尼西亚群岛产生于火山活动。社会群岛、马克萨斯群岛和南方群岛均是海床被"热点"，即地幔熔化岩浆的喷发区穿透（洋壳部分熔化后被穿透）的结果。土阿莫土群岛的起源则更加复杂：该群岛可能是在 5 000 万年前到 4 500 万年前由穿透浅滩，即穿透土阿莫土高原的 3 处热点形成的。土阿莫土高原产生于 7 000 万年前到 6 000 万年前，位置更偏东，沿东太平洋洋中脊一线，是太平洋板块和纳斯卡板块产生的地方，也是火山喷发带。这 3 处热点可能造就了以下 3 个岛链，分别为：甘比尔群岛（曼加雷瓦群岛至赫雷赫雷图埃环礁）、马图雷伊瓦沃环礁至马塔伊瓦环礁、雷奥环礁至马尼希环礁。

  岛链布局可以由热点的固定性和海床的移动性来加以解释。洋底以 11 厘米 / 年的速度不断向西北方向漂移，热点每活跃一次都会在漂移的洋底形成一座新火山，这也解释了为什么岛屿年龄从东南到西北呈递增态势。社会群岛的岛屿年龄由 50 万年到四五百万年不等；马克萨斯群岛的从 110 万年到 550 万年；南方群岛，从 100 万年到 1 200 万年；从甘比尔群岛到穆鲁罗瓦环礁，岛龄为 600 万到 1 100 万年；土阿莫土群岛为 500 万年到大约 5 000 万年。从产生之初，波利尼西亚的岛屿就浸润在热带水域中，非常有利于珊瑚礁发育。在最古老的环礁，珊瑚的固着甚至可以追溯到 4 000 多万年前。随着时间推移，岛屿所在的洋底下沉，不同年代的珊瑚逐渐以不同厚度累积起来：塔卡波托环礁和朗伊罗阿环礁的垂直厚度达到 1 500 米，比较年轻的环礁如穆鲁罗瓦环礁，其厚度大约 400 米，而在海拔较高的塔希提岛，环礁厚度只有 100 多米。

图 2.1.1　马卡泰阿岛俯瞰图：悬崖、岸礁、礁缘、礁外坡和无数脊槽

图 2.1.2　马卡泰阿岛西北部的悬崖：两条海蚀槽线（一条高 6—8 米、另一条高 25—27 米）
分别对应 12.5 万年前和 32 万年前的两条海岸线

达尔文曾指出，火山的逐步沉降运动是不同类型的珊瑚礁形成的主要动因。这些不同的珊瑚礁构成一条连续的遗传谱系：最年轻的火山岛上形成岸礁，最古老的形成环礁，介于两者之间的形成堡礁。另外，冰川时期海平面下降，过去几百万年火山岛不断遭受海风侵蚀，这也是环礁中央形成潟湖的部分原因。

虽然波利尼西亚群岛有过沉降的趋势，但是塔希提岛、莫雷阿岛和梅海蒂亚岛由于能量过载和（或）热点活跃，引起邻近洋底隆起，因此一些岛屿出现抬升。例如，马卡泰阿岛已抬升至海拔 100 多米，南方群岛的鲁鲁土岛也抬升至同样的海拔高度，后者很可能是受到阿拉戈火山活动的影响（该火山位于产生库克群岛的热点轨迹上）。这两处抬升使年龄超过 1 000 万年的古老珊瑚礁显露出水面。

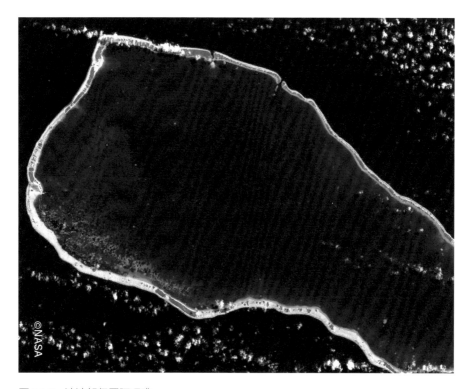

©NASA

图 2.1.3　法波朗伊罗阿环礁

1 500 年前，太平洋的大部分环礁尚在水下。也是在那时，波利尼西亚人定居于此。现在，随着海平面上升和火山活动增强，这些珊瑚礁低岛的未来似乎充满了不确定性。

（吕西安·蒙塔焦尼）

马拉埃及其微型环礁

塔普塔普阿泰神圣的大马拉埃（波利尼西亚古老的宗教场所）已被列入联合国教科文组织世界遗产名录。它由珊瑚块和玄武岩块组成大平台，平台一端竖立着名为 ahu 的结构。除去两块玄武岩，该结构主要由高大挺立的石灰岩构成。所有石灰岩均呈现出向心的纹路，并且多少有些起伏。最典型的石灰岩显示出完整的圆盘纹路，其余的只显现部分圆盘。挺立的岩石下堆积着分米大小、近似球形的澄黄滨珊瑚（*Porites lutea*）块。澄黄滨珊瑚非常有名，是滨珊瑚的一种。

塔普塔普阿泰挺立的岩石中，最高的那些直径超过 2 米，厚度为 30—40 厘米，有一些重达 2 吨。这些圆形岩石是澄黄滨珊瑚形成的微型环礁。事实上，形似马铃薯的澄黄滨珊瑚块在潟湖中很常见。一般来说，珊瑚群体的生长方向决定了它们的形状，因而珊瑚生长点不同，形状也不同。澄黄滨珊瑚虫固着在沙质基底的珊瑚残骸上，通常会繁殖出球形的珊瑚群体。在水位高度允许的情况下，珊瑚群体会在数个世纪间长得非常庞大，如果珊瑚群体生长在浅水处，如海岸附近，那它就不会长得太高，只能横向向四周发展，成为所谓的微型环礁。

因此，那些挺立的石头，不过是在岁月变迁中逐渐长成大块头的滨珊瑚微型环礁。当初被采出水时，它们还是活珊瑚，所以现在在边缘提取一些成分，通过钍－铀测年法，就可以测定采集年代。最初我们认为：珊瑚采集年代和马拉埃的建造年代应该是一致的。但是令人震惊的是，经过 40 多次测定，结果均显示，珊瑚采集时间已有好几千年，其中大部分有 3 000—6 000 年的历史，这也意味着，这些珊瑚生活在公元前 4000—前 1000 年之间。那

图 2.2.1 澄黄滨珊瑚微型环礁成为赖阿特阿岛塔普塔普阿泰马拉埃上一块挺立的石头

图 2.2.2　土阿莫土群岛托奥环礁水下 40 厘米处发育的滨珊瑚微型环礁

么这些珊瑚团块就不可能是波利尼西亚人采集的了，因为那时候他们还没有到达此地。

可以断定，这些微型环礁是非常古老的珊瑚，生物学家和地质学家对其了如指掌。有时，我们也会在海岸带的后滨观察到微型环礁。构成那些环礁的珊瑚生活的时代，海平面比现在高出 60—80 厘米。在 1 000 多年的时间里，海平面逐渐降低，珊瑚露出水面，死亡并变为化石。我们认为塔普塔普阿泰马拉埃所在地曾经是一个海滨平原，是波利尼西亚人将微型环礁化石推至此地并竖立起来的。由于未被山地的冲积物或潟湖的沉积物覆盖，所以它们那时可能显露在外。未来我们计划使用更尖端的方法对该地地下进行"听诊"或"扫描"，以确定地层和元素的性质。到那时，我们就会弄清赖阿特阿岛大马拉埃这些立石的来源了。

（贝尔纳·萨尔瓦）

珊瑚礁仔鱼：我是谁？
我去哪儿？ 怎么去？

珊瑚礁鱼类一般将雌雄配子产入水中，配子随后结合形成受精卵，并发育成仔鱼。仔鱼营浮游生活，也就是说，它们会在茫茫大海上漂浮一周至数周——具体时长视鱼的种类而定。然后，它们会返回珊瑚礁定居，这一过程称作"固着"。

珊瑚礁鱼类成功固着可不能简单归因于仔鱼偶遇（能保证生存的）关键生境。还有一点也非常重要，那就是仔鱼能够自主或非自主地探测、定位并识别来自珊瑚礁的成鱼发出的信号和（或）珊瑚礁本身发出的信号。另外，一些仔鱼生来游泳能力强，能够控制自身在海洋扩散和返回珊瑚礁的路线，但是这种能力只在其探测到要栖息的生境时才起作用。因此，海洋珊瑚礁仔鱼的生态谜题之一可以归结为：如何探测数量稀少但可供固着的生境聚落？该问题的答案可能在于鱼类的"感官系统"。但是，在 2000 年之前，全球仅有 3 项研究关注珊瑚礁鱼类固着生境的感官识别问题。

海洋浮游生活结束后，仔鱼需要回到岛屿继续发育成长。法波 118 座岛屿分布在欧洲一般大小的面积上（550 万平方千米），但是其露出水面的部分总和还不如一个科西嘉岛（4 000 平方千米）大。如果没有源自岛屿的信息，海洋仔鱼就只能随机固着，这将大大增加物种灭绝的风险。幸运的是，珊瑚礁可以发射出某些化学或声音信号，仔鱼在十几千米开外就能探测到这些信号，并循迹游到珊瑚礁。到达珊瑚礁之后，仔鱼还要根据种内和种外竞争者及捕食者的情况，在大量可能的基质中选择适宜的生境。此外，仔鱼既能捕捉同类

©Jean-Olivier Irisson

图 2.3.1 法波珊瑚礁鱼类刺尾鱼科
（Acanthuridae）和金鳞鱼科（Holocentridae）
的仔鱼；寻找固着的生境可以保证它们继
续在珊瑚礁生活和长大

成鱼和（或）珊瑚生境的视觉信号、化学信号和（或）声音信号，还能巧妙避开捕食者的信号。

无论是小心触碰、认真察看、深刻感受，还是细细品尝、仔细倾听，这些都是仔鱼在从环境中获取信息。它们的返礁之旅就是这样与环境频繁互动的过程，因此可被看作种群活力的基本参数。每次旅程都需要感觉器官几乎不间断地辨识信息、分析信息、记录信息、比较并协调信息，如果没有感觉器官，一切行动都将是无效的。然而，由于自然干扰和愈演愈烈的人类影响，来自珊瑚礁的信号发生变化，且更难被仔鱼探测到，这可能导致海洋或潟湖中的仔鱼迷失方向，同时也意味着固着珊瑚礁的仔鱼越来越少。如果仔鱼不再定居波利尼西亚的珊瑚礁，那么我们可捕捞的成鱼也将无可挽回地减少……

（戴维·莱基尼　樊尚·洛代　埃里克·帕尔芒捷）

礁缘网的故事

大部分珊瑚礁鱼类的生活史比较复杂：仔鱼时期在茫茫大海中营浮游生活几星期到几个月，幼鱼和成鱼时期相对稳定地定居珊瑚礁中。仔鱼结束浮游生活后，要进一步发育成幼鱼和成鱼，会返回珊瑚礁，固着于礁缘。礁缘是堡礁的界面区，礁缘一边是汹涌澎湃的海浪，另一边则是风平浪静的潟湖。仔鱼固着珊瑚礁的阶段正好起始于它们穿过礁缘的时刻。

图 2.4.1　礁缘网通常由一个结实的网格框架构成，框架正对裹挟仔鱼的海水流动的方向，网后方配有收集装置充当鱼篓

如何确定仔鱼固着珊瑚礁的具体时间呢？为此，迪富尔（Vincent Dufour）教授在礁缘安装了礁缘网，当仔鱼通过时，礁缘网能将其捕获，而这也正好对应仔鱼固着珊瑚礁的时刻。与其他研究仔鱼群的方法（如水中牵引网、光陷

阱、视觉计数）相比，礁缘网具有两大优势：第一，仔鱼正好在固着之时被捕获，这就能够更准确地评估来鱼的数量；第二，破浪带降低了鱼漏网的可能，因此能够更高效更全面地捕鱼。

图 2.4.2　安装就位的礁缘网俯拍图，该装置用于捕获由海洋游向潟湖的仔鱼

　　经过数年的研究，现在基本可以认为：仔鱼一般白天到达珊瑚礁附近，并停留在一定水深处（水下约 60 米处）。当光线减弱时，它们才开始由礁外坡游至礁缘，而后在夜晚穿过礁缘。研究还显示，仔鱼群主要经由礁缘到达珊瑚礁，但是也有个别种类是由潮汐通道到达的。仔鱼"乘着"汹涌的浪涛就穿过了礁缘。虽然与猛烈的海浪相比，仔鱼显得幼小而脆弱，但它们绝不会因此受伤或失去活力。它们能够利用波涛产生的泡沫，就像乘着气垫一样入境珊瑚礁。然后，它们平生第一次触及珊瑚基底。

月亮(以及不同月相时的光度)极大地影响了仔鱼的流量——新月或朔月时,仔鱼流量更大。因此,仔鱼固着珊瑚礁呈现出日周期和月周期的特点。此外,仔鱼固着还具有季节性周期特点:炎热季节固着量更大。最后,仔鱼还表现出两种明显的固着策略:一是短期大量固着,二是长期少量固着。

正是基于以上研究,现在大家普遍认为:海洋仔鱼成年后的群体数量主要取决于固着珊瑚礁的仔鱼数量。实际上,一个物种海洋扩散时的迁出率和固着珊瑚礁的迁入率,决定了局部种群的灭绝风险。种群规模小的鱼类,如法波118座岛屿周边的鱼类,由于种群统计的随机性和环境随机性,因而具有很高的灭绝概率。它们的存活概率主要取决于仔鱼能否成功固着珊瑚礁。

(阿兰·罗-亚　樊尚·迪富尔　戴维·莱基尼)

连通珊瑚礁的仔鱼

太平洋浩瀚无垠，被珊瑚礁环绕的无数岛屿散布其间，星星点点，极不起眼。事实上，无论珊瑚礁还是岛屿，彼此之间均处于一种隔绝状态，这就是通常所谓的生态孤岛化。生态孤岛化指的是某一种群或若干种群被限定在特定区域，处于一种物理隔绝状态。孤岛化的程度直接涉及另一个相关概念——生态连通性，它指的是孤立种群之间的功能连通。太平洋珊瑚礁为研究这一概念提供了一个完美的模型。现在普遍认为：种群之间连通性越高，就越能降低灭绝风险。确实，迁入物种能够补充本地种群的数量，并降低种群隔绝的风险。因此，在太平洋岛屿系统中，珊瑚礁面临的挑战就是如何与外界保持连通，并持续交换各种各样的生物个体，以形成一个超级种群，或说元种群。元种群由彼此独立又相互沟通的小种群构成。但是，在海洋生态环境中，不论是定居物种如珊瑚、海绵动物，还是珊瑚礁鱼类，都不能直接穿越广阔的大洋，从一个珊瑚礁迁徙到另一个珊瑚礁。

因此，珊瑚礁鱼类进化出一种特殊的生活史，其中包含仔鱼阶段，对应其生命中的最初的几天或几周。仔鱼营浮游生活，也就是说，仔鱼漂浮在大洋中。由于身体非常细小，无法游泳，也很难辨别方向，因而仔鱼随洋流漂流。在仔鱼阶段，珊瑚礁鱼类通常在繁殖过程中，能一次性排出成千上万个鱼卵，随后鱼卵被洋流冲散，仅有其中几个能够成活。因此，我们称为两阶段复杂生活史，但是任何一个阶段都不能保证另一阶段的生死或去向。尤其是仔鱼，它们完全随波逐流，听天由命，最终的成活率极低。

为了完成海洋中的旅程，浮游仔鱼进化得可以更好地适应环境。它们的身体近乎透明，几乎难以被察觉；它们发育出附属器官，漂浮性更好，游泳消

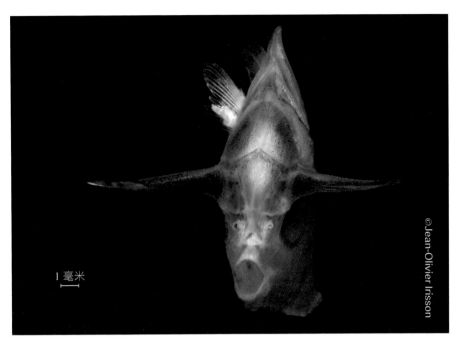

图 2.5.1　蝴蝶鱼（Chaetodontidae）仔鱼正面照和侧面照：眼睛上部的突起有利于在水中漂浮

图 2.5.2　利用浮游生物网捕捞仔鱼；一般拖在船尾，网眼为 330 微米，能够过滤水并收集浮游生物

©Romain Crechriiou

耗能量更少；它们的食性以方便获取的浮游生物为主。虽然只有几毫米到几厘米大小，它们却可以完成复杂的行为，包括游泳、定位和摄食。最后，它们机体形状奇特，异乎寻常，与成鱼相差甚远。

尽管如此，海洋浮游生活还是危险重重，最终的胜出者只是极少数。据估计，鱼排放的 100 万个卵中，最多只有 10 条仔鱼能成功抵达珊瑚礁。但正是以这样的代价，珊瑚礁才得以和外界保持连通，也正因如此，虽然洋流一年年变化，太平洋的珊瑚礁却依旧保持着和谐一体。所以说，连通性是维持珊瑚礁生态多样化和生态平衡的核心因素。

（塞尔日·普拉内　让－奥利维耶·伊里松）

波利尼西亚鱼类：
可恢复生境的护卫

目前，世界上淡水和 100 米深的海水中的鱼类总共约有 28 000 种。其中，中部太平洋生物地理区包含 4 000 种鱼类，集中体现了生物多样性特征。2015 年进行的最新一次统计显示，法波水域拥有鱼类 1 301 种。

区分不同鱼类的第一个标准是生境。根据不同生境，法波鱼类可分为生活在礁外坡的大洋中的鱼以及生活在潟湖中的鱼。第二个标准是鱼类占据的垂直空间，据此可分为三类：第一类生活在海底，在砂质或淤泥质沉积物内部或表面、海底珊瑚或海藻内部或表面；第二类生活在珊瑚中并与之联系密切，这些珊瑚一般形成线状、坡状或块状的结构；第三类生活在水体中，离珊瑚有一定距离，一般不受珊瑚的庇护。

这种空间分布还极大地受到时辰、月相及季节的影响，波利尼西亚人对此了然于心。因此，他们会在黄昏时分去块状珊瑚即"珊瑚马铃薯"里捕捞石斑鱼（波利尼西亚语称 tarao），新月之时去捕捞刺尾鱼，并趁着鹦嘴鱼繁殖迁徙时再进行捕捞。当你在珊瑚礁潜水时，清晨所见到的鱼类数量和种类也都最多，因为此时，夜间活动的鱼儿尚未"入睡"，而白天活动的鱼儿已经出来。此外，波利尼西亚人也纯熟地掌握了月相变化，他们每晚 6 点半收看电视节目，了解夜晚捕鱼的信息。最后，鱼类的季节变化主要由其繁殖周期决定，繁殖期的鱼群集中在潮汐通道周边，以便产下的卵被带到大洋中，等到丰收季节，仔鱼再从大洋回到珊瑚礁。

珊瑚礁生态系统健康状况的年际变化可以归纳为捕食者 - 被捕食者关

©Lauric Thiault

图 2.6.1　横带刺尾鱼（*Acanthurus triostegus*）正在寻找有用的海藻，以便停留在此饱餐一顿

系——被捕食者是珊瑚，捕食者是棘冠海星。法波珊瑚礁生态系统恢复力（生境遭受棘冠海星入侵这样的灾难后，从一种平衡状态过渡到另一种的能力）需 25 年。它还受到另一组对抗因素的影响，那就是草皮海藻（覆盖死亡的珊瑚，防止活珊瑚固着）与植食性动物（部分鱼类、软体动物、棘皮动物）的关系。草皮海藻的增加受到植食性动物密度的制约，而法波的植食性动物很多，因而保证了珊瑚礁生态系统的健康运行。虽然人类活动和气候变化带来的压力越来越大，珊瑚白化现象越来越频繁地出现，海洋酸化也导致珊瑚礁变得愈加脆弱，但是鱼类与生境（庇护所、食物、繁殖）之间的紧密关系以及植食性动物的繁盛，则给珊瑚礁系统的正常运行带来一定的积极信号。所以，千万不能过度捕捞珊瑚这些珍贵的盟友！

（勒内·加尔赞）

图 2.6.2 波利尼西亚一岛屿礁外坡上，正处于产卵期的驼背笛鲷（*Lutjanus gibbus*）群

©Lauric Thiault

维护珊瑚礁生态系统运转的鱼

早上 6 点，莫雷阿岛蒂亚胡拉珊瑚礁的礁坪上，我追踪观察鹦嘴鱼（*Amphilophus*）、刺尾鱼和眶锯雀鲷（*Stegastes*）已经有一会儿了。如果离这些小热带鱼的地盘太近，它们就会毫不客气地过来攻击你。我仔细清点着这些植食性鱼类的数量，并记录下它们何时、如何排泄粪便。这让我的孩子们很是懊恼："妈妈，我们总不能跟小伙伴们说，你在数鱼的便便吧！"但是事实确实如此！加尔赞（René Galzin）这样做，波留宁（Nick Polunin）也是这样做的。我们都在对植食性鱼类摄食藻类和生物侵蚀的作用进行量化研究。

因为这些鱼不仅仅是当地居民的蛋白质来源或者游客观赏的一道美景，也不仅仅是摄影师镜头捕捉的对象或者海底捕食者的最佳目标，它们还在珊瑚礁生态系统正常运转中扮演着重要角色。如果鱼的数量和种类减少或改变，影响的将是整个珊瑚礁生态系统的平衡。不同食性同工群（trophic guild）通过参与有机物质循环和钙循环，共同为复杂但精妙的珊瑚礁机器的运转做出贡献。它们发挥着物质输入、转化和输出的作用。

浮游生物食性鱼类摄食持续由洋流带来的浮游生物。它们是名副其实的营养泵，不停地引入珊瑚生长所需的营养和物质。这些鱼群，包括梅鲷鱼（*Caesio*）、光鳃鱼（*Chromis*）和花鮨鱼（*Anthias*），在礁外坡上成群结队，形成一面"口墙"，它们摄食浮游生物，并排放出大量粪便，使很多珊瑚礁无脊椎动物受益。

植食性鱼类，包括鹦嘴鱼、刺尾鱼、蓝子鱼（*Siganus*）、雀鲷鱼（Pomacentridae）、锦鳚（Pholidae）等，实际发挥着制约海藻生长的作用。如果任由海藻蔓延，它们将会占据整个海底空间，并覆盖珊瑚，阻碍珊瑚幼虫固着。所以植食性鱼类的作用非常重要，哪里的植食性鱼类被过度捕捞，哪里的海藻就侵占了珊瑚礁。有些植食性鱼类如鹦嘴鱼，能够破坏钙质结构（珊瑚骨骼、软体动物外壳、海胆壳、海滩岩石等），是活跃的生物侵蚀者。它们用有力的吻部刮擦珊瑚基质，同时摄入钙质和海藻，钙质随后在体内转化为粉末，像细雨一样排泄至珊瑚礁上，有利于形成沙滩上的白沙，或填充珊瑚空隙，加固珊瑚结构，便于珊瑚垂直生长。肉食性鱼类摄食软体动物、海胆和甲壳类动物，同样有利于形成珊瑚礁沉积物。

图 2.7.1　鞍斑蝴蝶鱼（*Chaetodon ulietensis*）主要摄食硬珊瑚和软珊瑚目（*Alcyonacea*）的水螅体，因此高度依赖珊瑚礁健康状况

　　鱼食性中上层鱼类，如金枪鱼、鲹鱼、鲔、鲯鳅、鲨鱼等，都会来珊瑚礁觅食，它们是珊瑚礁营养物质的输出者。同样地，所有或几乎所有珊瑚礁鱼类都将鱼卵或仔鱼输出到海洋，其中绝大部分（超过99%）会被浮游生物或中上层鱼类捕食。

　　珊瑚礁内部及周边的有机物质就是这样呈环状流动的。海洋浮游植物合成有机碳，并由大量食浮游植物的生物输入珊瑚礁中，再加上珊瑚礁海藻和珊瑚本身合成的有机碳，就供养了整个珊瑚礁的食物网，并成为当地渔业开发的资源。一部分珊瑚礁生产力通过大型捕食者，或以鱼卵、仔鱼的方式被输出到海洋，从而供养了海洋的食物网。

图 2.7.2　拿破仑鱼（即波纹唇鱼，*Cheilinus undulatus*）凭借坚固的牙齿，能碾碎自己爱吃的软体动物、螃蟹或海胆的硬壳，从而以此方式参与制造珊瑚礁沉积物

　　因此，所有鱼类，无论其食性如何，都为珊瑚礁生态系统的正常运转和健康发展做出了一份贡献。它们的复杂作用远未被弄清，因此将持续受到研究人员的关注。

（米雷耶·阿尔默兰－维维安）

图 2.7.3 　金目大眼鲷（*Priacanthus hamrur*）的大眼睛反映了它们的夜行习性：夜晚的珊瑚礁外坡，它们成群结队猎食小鱼小虾、螃蟹和头足纲动物

©Lauric Thiault

鱼类耳石：
年龄和生长能力的秘密所在

鱼类是珊瑚礁中的重要生物，它们扮演多种多样的角色：捕食者、猎物、植食性动物、细沙制造者，等等。鱼类支撑着珊瑚礁的生命以及珊瑚礁周边人类的生活，积极参与珊瑚礁生态系统的能量流动和物质流动。它们是人类食物的重要来源，并以多种多样的类别、多姿多彩的形态增强了珊瑚礁的旅游吸引力。与人类不同的是，鱼类终其一生都在长大，虽然在一定时期后生长会变慢，但其始终处于生长状态。数年来，我们一直在研究渔业青睐的鱼种的生长动态，以便更好地管理这些资源，同时我们也尝试理解它们整个生活史阶段在珊瑚礁能量转换中的作用。

鱼类耳石是一种矿物结石。鱼的耳石有 6 个（2 大 4 小），形状特别。这些小石头位于鱼的耳枕区，主要起平衡作用和听觉作用。鱼耳石类似树木的年轮，是鱼类生长的标记，有日轮和季节轮之分。轮的大小与鱼的生长相关，测量轮的生长速率可以推出鱼的生长速率。为此，根据鱼被捕捞时的身长、年龄和标记轮的间距，我们借助方程式就可以计算该鱼在每一生长阶段的长度。将同一种不同个体的数据相结合，就可以得出该种鱼类的平均生长曲线，从而帮助我们了解从何时开始此类鱼生长变缓。

鱼类的生长研究非常重要，因为这与鱼类从珊瑚礁生态系统摄取的能量总量，以及贮存在鱼身体组织中的能量总量直接相关，因而关乎猎物到鱼的能量转移，以及它们之间的物质转化。这些能量随后会转移至其他物种，或为人类所利用。通过研究波利尼西亚珊瑚礁生态系统可为渔业提供的生物量，我

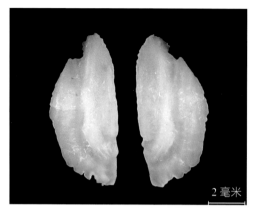

2 毫米

0.2 毫米

0.2 毫米

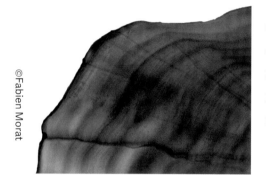

图 2.8.1　左上：蜂巢石斑鱼（*Epinephelus merra*）的左右矢耳石（sagitta）；右上：蜂巢石斑鱼耳石的横切面，不透明带和半透明带相间，指示着鱼龄；左：耳石切面放大图，1 年 =1 条不透明带 +1 条半透明带

图 2.8.2　耳石在鱼头部的位置

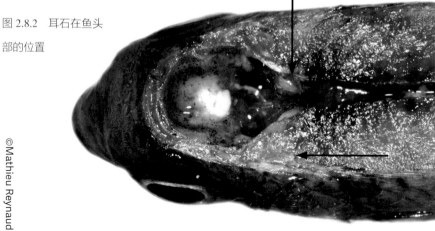

们证明，合理捕捞能够提高该生态系统的生产力。所以，能否建设一个可持续发展的渔业的其中一点就在于，我们是否了解该生态系统的生产力，以免造成过度开发。

（法比安·莫拉　瓦莱里亚诺·帕拉维奇尼　尼娜·M. D. 席特卡特）

尼莫不只是孩子们的小丑鱼

提到小丑鱼，我们头脑中会立刻浮现出尼莫（Nemo）这条最有名气的小丑鱼形象。2003 年，它被迪士尼搬上荧幕，带观众充分领略了海下的神奇生活。电影本身充满强烈的教育意义，甚至通俗到有点脱离实际，但主人公尼莫的传奇经历使一代人为之痴迷，多姿多彩的珊瑚礁也因此展露在大众视野中。不过，小丑鱼很早就受到科学家的关注了，首先是因为它与 10 多种海葵之间的共生关系，要知道海葵对大部分鱼类而言是致命的。

小丑鱼实际是对海葵鱼亚科（Amphiprioninae）若干种鱼的统称。该亚科属于雀鲷科，包括 30 种不同的鱼，只有一种为棘颊雀鲷属（*Premnas*），其余均为双锯鱼属（*Amphiprion*），一般我们所说的小丑鱼就是指后者。除了与海葵的共生关系外，小丑鱼的奇特之处还在于：它们是先雄后雌的顺序性雌雄同体。这一特点决定了它们在海葵丛中的社会结构：领头鱼的年龄最大，体形也最大，一般为雌性。这条雌性小丑鱼与一条性成熟的、体形较小的雄性结成稳定的夫妇。其他群体成员均为未性成熟的雄性，不参与繁殖。小丑鱼的变性机制，尤其是个体发展阶段所决定的等级制度在 20 世纪 80—90 年代已被广泛研究。它的繁殖过程则表现出如下特点：雌鱼将卵产在海葵下，卵的一端固定，然后由雄鱼授精，受精卵一星期后孵化成仔鱼，仔鱼会扩散到海上浮游 10 天到半个月，再回到珊瑚礁找一簇海葵固着下来。因此，小丑鱼仔鱼的漂浮时间最短，也在 20 多年间吸引了最多的人对其开展研究。科学家希望借此弄清海洋仔鱼扩散和洄游的规律。小丑鱼仔鱼的扩散和洄游模型是独一无二的，因为成年小丑鱼非常忠实，毕生不会离开栖身的海葵，而仔鱼也只选择海葵定居。所以，只需精确清点一个地区的海葵数量，就能掌握该地区整个小丑鱼种群的状况。

我们在巴布亚新几内亚群岛东北部的金贝研究了海葵双锯鱼（*Amphiprion percula*）。16年来，我们观察了金贝周边海葵丛里的每条小丑鱼。为此，研究人员潜入岛屿周边的潟湖，检查了每簇海葵。我们利用地图定位海葵，通过固定在一旁的号码识别不同海葵，然后用小抄网捕鱼，随后对捕到的小丑鱼进行测量，提取一小段鱼鳍，立刻放进试管，并记录下样品尺寸和号码。这一系列动作都在水下完成。由于鱼鳍没有神经分布，所以两三星期后会重新长出来。提取的小段鱼鳍则能帮助我们建立每条鱼的遗传身份，追踪其系谱，并像建构人类家谱那样建构其家庭关系。

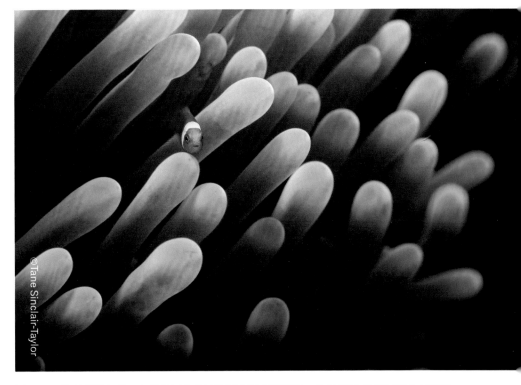

图 2.9.1 海葵双锯鱼的一条幼鱼正在栖居的海葵触手间游弋。幼鱼结束 10 天到半个月的浮游生活后就固着在海葵上，此后一生都不再离开海葵；这个阶段的小丑鱼最小的还不到 1 厘米，但是它们已经具有了体表黏液，能够保护自身不被海葵触手伤害

图 2.9.2　一簇海葵和一群小丑鱼；体形最大的是雌鱼，第二大的是雄鱼，其他体形更小的是幼鱼；只要成鱼夫妇在，幼鱼就不会达到性成熟阶段

20 年前刚开始此项研究时，我们的目的是弄清小丑鱼是否会"回家"，它们"回家"的比例有多高。因此，我们采用遗传学技术研究小丑鱼的亲缘关系，检测了所有海葵（大约 350 簇）上的亲鱼和当年采样的幼鱼之间的遗传学关联。从最初开始，我们就惊奇地发现，50% 的幼鱼的亲鱼都在岛内，所以小丑鱼幼鱼实际上是回到了出生地，且这一比例多年来保持稳定。有了这一独创的研究成果，我们建构了金贝所有小丑鱼的谱系，并开展了新的有关小丑鱼适应性的研究，此类研究很少在自然环境中开展过，更是从未在海洋环境中进行过。实际上，如果数代小丑鱼都生活在同一片海域，我们自然而然会思索它们历时的进化能力，因为一代又一代的鱼都会面对需要适应的局部环境。最终，这项工作表明，生境（即海葵）的质量决定着小丑鱼繁殖的成败。由此可见，要保护小丑鱼，首先应该保护它们栖息的环境，是"我在哪？"而不是"我是谁？"决定了它们的适应能力。

（塞尔日·普拉内）

莫雷阿岛清洁鱼与主顾： 隐秘的真相

　　共生清洁是珊瑚礁中常见的互动关系，一般存在于体形小巧的清洁鱼与主顾鱼之间：清洁鱼除去主顾鱼体表的外寄生虫和其他细菌，主顾鱼则在水层中保持静止不动，以此传达自己的清洁需求。能够提供清洁服务的热带鱼有130多种，有的是一生从事清洁工作，有的则是偶尔为之。寻求清洁服务的鱼也有几百种，从刺尾鱼、雀鲷鱼到海鳝或鲨鱼，等等，不一而足。清洁鱼能够减少主顾体外的寄生虫，改善其健康状况和认知功能，进而影响珊瑚礁鱼类群落的结构。但是，这种互动关系也并没有我们想象的那么温馨友好。

　　很多清洁行为实际上是利益驱动或操纵行为的结果。例如，主顾鱼只想摆脱外寄生虫的困扰，裂唇鱼（ *Labroides dimidiatus* ）——最有名的一种清洁鱼——却更想食用主顾鱼的健康组织、鳞片或黏液。这种"受骗上当"表现为主顾鱼遭受痛苦撕咬后的惊跳。随后，主顾鱼也会实施不同的手段加以反击，它们会驱赶清洁鱼，延迟返回"清洁站"，或直截了当更换一条清洁鱼。但是，裂唇鱼善于操纵主顾鱼，它们按摩主顾鱼的鳍背，降低其皮质醇水平（一种应激激素），促使主顾鱼忽略欺诈，延长清洁互动行为。裂唇鱼和主顾鱼之间的互动就像由供需关系主导的市场经济，既有选择合作伙伴的自由，也有限制欺诈的惩罚措施。不过，并非所有清洁鱼都与裂唇鱼一样。

　　莫雷阿岛还有一种常见的清洁鱼，叫双色裂唇鱼（ *Labroides bicolor* ）。双色裂唇鱼不像裂唇鱼那样只满足于经营一个小小的"清洁站"，它们占据着更大一块地盘，这就降低了它们和同一主顾见面的概率。因此，双色裂唇鱼的欺诈

图 2.10.1 一条裂唇鱼的幼鱼正在检查一条斑点裸胸鳝（*G. meleagris*）的身体，寻找其体表的寄生虫；这些肉食鱼类几乎不对诚实的清洁鱼构成威胁

图 2.10.2 一条密斑刺鲀（*Diodon hystri*）一动不动，静静等待一条小小的清洁鱼来检查其口腔

图 2.10.3　一条双色裂唇鱼和一条海鳝

图 2.10.4　红唇裂唇鱼

行为更频繁：它们吃掉的主顾鱼黏液比寄生虫更多，在同一块珊瑚礁上，它们比裂唇鱼更能频繁引起主顾鱼惊跳。那些活动领域非常小、不容易找到清洁鱼的鱼饱受双色裂唇鱼欺诈之苦。

更复杂的是，莫雷阿岛还存在第三种清洁鱼——红唇裂唇鱼（*Labroides rubrolabiatus*），它比前两种近亲鱼要诚实，因此与主顾鱼之间似乎没有太多矛盾。但是问题来了，如果你是一条主顾鱼，明明存在更诚实的清洁鱼，为什么还要选择那些爱搞小动作的鱼呢？这个问题还需要进一步研究，才能有令人满意的答案。

下一次，当你为清洁鱼和主顾鱼之间的亲密互动而赞叹不已时，不妨再想想，这到底是双方真心实意的合作，还是主顾鱼为测试清洁鱼的诚信而精心设计的策略。

（伊莎贝尔·科泰　苏珊娜·C.米尔斯）

最丰盛的海洋自助餐

珊瑚礁是世界上生物多样性特征最丰富的生境之一。虽然珊瑚礁占海底面积不足 1%，但据估计，这里容纳了约 25% 的海洋生物种类，也就是多达 83 万种生物。几乎所有这些生物都会在生命的某个阶段沦为猎物被吃掉，它们宛如一顿自助餐，有鱼、珊瑚、蟹、蠕虫，还有其他动物，食物种类不可谓不丰富，由此形成的捕食者－猎物互动关系也是多种多样的。

珊瑚礁的超级多样性数世纪以来一直吸引着博物学家。确定捕食者－猎物之间的动力学机制对充分理解珊瑚礁生态系统的动力意义重大。为此，生态学家解剖鱼类并目测鱼胃内容物。不可否认，在显微镜下长期观察那些半消化状的海洋生物泥，确实能发现很复杂的食物网，因此实实在在充满着惊喜，但是这种观察也有很大的局限性，因为仅仅从猎物消化和分解的状态，很难辨别出鱼摄入的所有食物。

为了应对珊瑚礁问题的极端复杂性，克服未知食物造成的困难，研究人员通常还将鱼类分成几个大类或若干食性群，如植食性、肉食性等。这种泛泛的分类虽然非常实用，能够帮助我们区分基本的食物类型，但也过于简化了物种食性上的特殊偏好。鉴于目前气候变化和人为压力的影响，珊瑚礁正在发生变化，所以，深入研究珊瑚礁生物间食物链的维持或改变对食物网的影响就至关重要。

现在，研究人员开始采用 DNA 技术来重构食物网。DNA 携带所有生物生长、发育和繁殖的遗传信息。科学家借助 DNA 技术能够区分物种，这样，DNA 就成为识别某一物种的条形码，就像超市里识别食品的条形码一样。通过采集法波莫雷阿岛所有生物的 DNA 并进行大规模测序，我们得以构建完整的海洋食物网。以后，研究人员只需检测鱼胃中的 DNA，就可以获取非常详尽的捕食者 – 猎物的互动信息。

　　强大的 DNA 技术应用于捕食者 – 猎物的互动研究，揭示出很多以往不为人知的内容，革新了我们对食物网的观点。此外，波利尼西亚不同群岛的食物网也得以重建，从社会群岛到甘比尔群岛，展现出整个法波令人难以置信的食物网多样性。根据对鱼类和珊瑚的长期观测数据，科学家还能推断物种消失对整个食物网可能产生的影响。总而言之，由于目前全世界珊瑚礁面临的威胁不断增加，我们需要尽早地理清珊瑚礁食物网从而更好地保护珊瑚礁生态系统。

图 2.11.1　鹦嘴鱼在珊瑚礁上摄食

图 2.11.2　活跃于珊瑚礁的贪婪捕食者——魣

（约尔丹·M.卡塞伊　瓦莱里亚诺·帕拉维奇尼）

不起眼的"餐前点心"

　　珊瑚礁区海水碧绿，鱼群色彩鲜艳，具有极高的观赏价值和经济价值。这两种叠加优势——一边是海水清澈，一边是鱼儿肥美——其实掩藏着一个难解的矛盾：海水清澈但营养极为贫瘠，而大鱼的生长发育需要大量营养物质支撑，所以珊瑚礁的这种动力学机制乍看有悖常理、令人费解。这一状况最早由达尔文于1800年观察到，并被命名为"达尔文悖论"。

©Tane Sinclair-Taylor

图 2.12.1　小长臀鰕虎鱼（*Pomatoschistus minutus*）是一类重要的隐蔽鱼，是构成珊瑚礁群落的基础

此后,科学家对珊瑚礁的生产力之谜提出了多种解释,并给出证据,证明珊瑚礁截留了大量来自海洋的资源,且海绵动物在回收有机废物中发挥了重要作用。新近,他们又发现了礁底小鱼对珊瑚礁生产力做出的意想不到的贡献。这些小鱼被称为底栖隐蔽鱼(cryptobenthic reef fish,简称"隐蔽鱼"),它们藏在珊瑚礁的角角落落里,几乎不可见。然而,对美丽多彩的大型鱼群而言,隐蔽鱼占到其珊瑚礁消费量的60%。

大部分隐蔽鱼,包括鰕虎鱼、鳚科(Blenniidae)、三鳍鳚科(Tripterygiidae)、天竺鲷(*Apogon* spp.),在珊瑚礁上只能活几个月,很多鱼甚至在固着几星期后就死亡了。原因很简单,珊瑚礁上有太多张口等待喂食。隐蔽鱼的平均长度只有2.5厘米,对于包括螃蟹和石斑鱼在内的众多捕食者,它们是再理想不过的点心了。那么问题是:为什么珊瑚礁上从不缺少隐蔽鱼呢?答案原来在于隐蔽鱼的仔鱼。

几乎所有的珊瑚礁鱼类都要经历一个浮游仔鱼阶段,在这一时期,仔鱼会穿越外海,寻找新的栖息地。这场危险甚至致命的旅程淘汰了很大一部分珊瑚礁鱼类的子孙后代。隐蔽鱼则采取了不同的方式。这些小鱼生命极其短暂,它们似乎放弃了漂往远方珊瑚礁的危险旅程,转而选择继续待在亲鱼所在的家园。这样,它们的安全更有保障,存活率也更可观。

正是由于珊瑚礁附近有大批隐蔽鱼仔鱼,才能源源不断供应珊瑚礁,填补被捕食的成鱼,形成取之不尽的"小鱼点心库",让捕食者大快朵颐。这种出色的动力学机制给珊瑚礁带来显著的益处。尽管隐蔽鱼在视觉统计的生物量中不占很大比重——它们体形太小且生命太短暂,但它们是很多大鱼的美味佳肴,可惜只有后者才被我们视作热带珊瑚礁鱼类的代表。

这些海洋中最小脊椎动物的作用最近才被发现,在珊瑚礁面临气候变化和人为压力的背景下,它们既点亮了希望之光,却也引人担心。因为隐蔽鱼仔鱼返回珊瑚礁家园的特殊策略,意味着它们比研究人员想的更脆弱,更容易灭绝。大部分隐蔽鱼依赖复杂度较低的珊瑚,有些要求极其特殊的生境,它们可

©Tane Sinclair-Taylor

图 2.12.2　作为寿命最短的脊椎动物，鰕虎鱼中的矶塘鳢属（ *Eviota* ），如上图中的细斑矶塘鳢（ *Eviota guttata* ），数量充足，是大鱼的美味点心

©Tane Sinclair-Taylor

图 2.12.3　穗肩鳚属（*Cirripectes*）摄食藻类和碎屑，自身又是各种捕食者的美食

能只和某一种珊瑚、某一种海绵动物或者某一种柳珊瑚关系密切。如今珊瑚白化、热带风暴、陆源污染正以前所未有的速度改变着珊瑚礁的组成，因此可能会威胁这些小鱼的生存。

无论如何，明白珊瑚礁大鱼对这些体形细小、生命短暂、几乎不为人注意的小鱼的依赖性，将有助于保护这些小鱼，它们实际贡献了大部分珊瑚礁鱼类的生物量。世界范围内有 5 亿人口直接依赖珊瑚礁和珊瑚礁提供的服务。对于珊瑚礁渔业和旅游业而言，没有大鱼将会造成灾难性后果，因为大部分潜水员背上气瓶可不是来观赏成片壮观的藻类的。此外，保护供养大鱼的小鱼是相对容易的举措，也有助于保护珊瑚礁本身，这样，未来我们才能继续欣赏到成群的大鱼在碧绿清澈的海水中游弋。

（西蒙·J. 布兰德尔）

珊瑚礁上的生物侵蚀：
受到人为干扰的自然过程

当我们游至珊瑚礁并欣赏绚丽多彩的珊瑚时，一定想不到，珊瑚礁的建造过程同时伴随着物理侵蚀、化学侵蚀和生物侵蚀等破坏过程。

物理侵蚀主要源于海浪冲击，礁体逐渐遭受破坏，这种侵蚀在风暴天气时会显著增强。

化学侵蚀则是由于海水酸度变化，影响珊瑚钙化过程，进而使珊瑚更易受到海浪冲击或者生物侵蚀的破坏。

生物侵蚀是海洋生物摄食行为或钻孔行为导致珊瑚礁基质被破坏，并在海水中释放出碳酸钙，其中有的呈溶解态，可以被其他珊瑚礁建造者重新利用，有的呈微粒态，可以形成颗粒物，沉积在珊瑚礁。

当一个珊瑚死亡时，其内部会被蓝细菌*侵占。蓝细菌是一种微生物，在珊瑚基质表层下几毫米处生长繁殖。它们虽然微小（藻丝直径在 1—6 微米之间），但在分解珊瑚礁基质的生物侵蚀中发挥非常大的作用。当然蓝细菌并非唯一具有生物侵蚀作用的生物，其他还有钻孔藻类、真菌等也会参与形成藻床，覆盖死亡珊瑚礁基质。这些生物被称为微钻孔生物。

死亡的珊瑚水螅体会留下空洞的腔体，困住多毛纲、头足纲、钻孔海绵、软体动物等的幼虫。随着这些幼虫生长发育，它们分解珊瑚礁基质和（或）抛撒钙质细颗粒物，一点点侵蚀并破坏珊瑚礁基质。这些是大钻孔生物。

---

* 以前被称为蓝藻。——译者

植食性动物啃食藻床和蓝细菌时，也会同时吞下珊瑚礁基质，之后再通过粪便排出体外。

提阿乌拉的海胆纲——包括长海胆（*Echinometra*）、冠刺棘海胆（*Echinothix*）、长刺海胆（*Diadema*）——都是侵蚀珊瑚礁的活跃分子（就像鹦嘴鱼或刺尾鱼那样）。侵蚀较少的生物是植食性的腹足类，如石鳖、帽贝。

一般而言，只要珊瑚礁未被污染，沉积作用和侵蚀作用就处于平衡状态。那要是存在外在干扰因素，会发生什么情况呢？我们以法波不同地点、相同珊瑚块上的生物侵蚀作用为例来加以说明。法阿是塔希提的海港，水体呈富营养化（大城市废水和陆源水的排放导致的水质恶化，水中富含氮和磷），而提克豪环礁和塔卡波托环礁水体呈贫营养化，缺乏营养。由于微钻孔和海胆的双重侵蚀作用，法阿的珊瑚不到 5 年时间已经荡然无存，而在贫营养化的提克

图 2.13.1　海胆对莫雷阿岛珊瑚礁基质造成的生物侵蚀

豪环礁和塔卡波托环礁，每块珊瑚的生物侵蚀率未超过35%。

由此可见，珊瑚礁是异常复杂的生态系统，是各种生物与不同环境参数相互作用、相互影响的场所。所以，要尽量减少人为干扰，最大可能地保护美丽的珊瑚礁，并保持珊瑚礁建造与侵蚀作用之间的自然平衡。

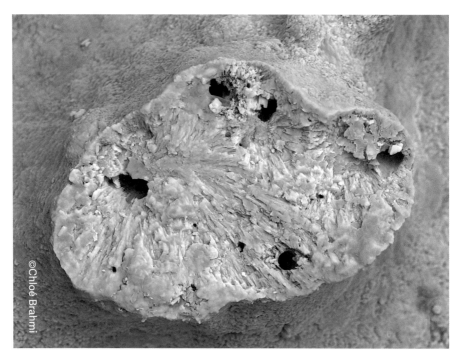

图 2.13.2　通过扫描电子显微镜观察的滨珊瑚骨骼：照片清楚呈现出钻孔微生物深入珊瑚钙质骨骼留下的孔洞，即生物侵蚀；这些孔洞的直径为 0.01 毫米（图片是放大 1 800 倍的效果）

（米雷耶·佩罗 – 克洛萨德）

海藻：瘟疫还是盟友？

　　有关莫雷阿岛海藻的研究文献最早可见于萨尔瓦（Bernard Salvat）团队及其合作者在 20 世纪 70 年代的著述，他们研究了提阿乌拉（莫雷阿岛西北部）潟湖和珊瑚礁的主要物种，但是藻类研究相对较少，他们仅仅观察并采集了少数几种大型软藻和钙藻，并在附近的"凯诺之家"进行称量。"凯诺之家"是在法波建立的第一个生物实验室。此次采集提供了第一批藻类生物量的精确数据：在占地 1 500 平方米的著名提阿乌拉辐射带，藻类湿重为 2 吨左右。提阿乌拉辐射带由三大区块组成：既有紧密环绕海岸的岸礁，又有被水道隔开、远离海岸的堡礁，还有堡礁伸展至海洋形成的礁外坡。整个辐射带由岸礁一直延伸至礁外坡。

图 2.14.1　法国岛屿研究与环境观测中心成立之初在提阿乌拉海滩的"凯诺之家"开展研究

正是在这样的背景下，我于 1980 年开始研究莫雷阿岛珊瑚礁和潟湖的大型藻类（macroalgae）。除了调查编目，我还研究了种群生态，尤其是褐藻中的喇叭藻（*Turbinaria ornata*），这种藻类 10 多年间在整个提阿乌拉珊瑚礁群发展繁盛。由此引出珊瑚礁退化而藻类繁盛的问题。这一现象通常被称作相变（phase shift），目前尚不明确相变到底是珊瑚礁退化的原因还是其导致的结果。虽然大型藻类一直以来被认为对珊瑚礁有害，但是现在我们也明白，实际上只有几种藻类的繁盛是得益于珊瑚礁的退化，这部分藻类主要是墨角藻目（Fucales）中的喇叭藻属和马尾藻（*Scagassum*），以及网地藻目中的网地藻属（*Dictyota*）、团扇藻属（*Padina*）、匍扇藻属（*Lobophora*）。诚然，藻类繁盛会改变底栖生物组合关系，加上环境条件如果不允许珊瑚继续生存，海洋景观就会发生变化。正因如此，曾经拥有大量分枝状珊瑚的提阿乌拉岸礁，现在已经变成被团扇藻覆盖的粗粒沉积物。

图 2.14.2　喇叭藻和滨珊瑚之间的竞争

藻类是珊瑚礁中的重要生物类群，发挥不可替代的生态功能，是重要的初级生产者，能够截留并回收利用营养物质；仙掌藻（*Halimeda*）能够生产珊瑚礁沉积物；钙化红藻能够加固硬质基质，生成有利于珊瑚固着的基质，稳定珊瑚礁结构，等等。

在不受干扰的情况下，藻类对维持珊瑚礁生境的碳平衡起到显著作用。具体到提阿乌拉地区，30 种主要藻类每年通过呼吸作用、光合作用和钙化作用的平均净生产力达到 1 千克 /（米^2·年）（以碳计），礁前的喇叭藻和马尾藻密集地带的净生产力可以达到 3.2 千克 /（米^2·年）。同样是在提阿乌拉，钙化藻对碳平衡的贡献率估计为 5 千克 /（米^2·年）（以碳酸钙计），其中仅仙掌藻（钙化结节绿藻）所占比重就达 50%，礁前繁盛的钙化红藻的占比则为 20%。

除了生物功能，莫雷阿岛的珊瑚礁藻类还是丰富的自然遗产，数百种藻可以分为三大类，分别是红藻、绿藻和褐藻。不同种类并非随机分布，而是在不同生境中形成的各具特色的集群。堡礁礁外坡红藻繁茂，岸礁上褐藻昌盛，彼此之间并没有太多交集；同样地，砂质礁底的仙掌藻和蕨藻繁盛，不同于硬质基质上生长的藻类。最后，莫雷阿岛南北海岸生长的大型藻类也不尽相同。个别种类的生物量贡献率达 80%，而大部分种类仅零星存在。这种生态稀缺性是珊瑚礁的特点之一，既造就了其复杂性，也促成其脆弱性。

藻类对珊瑚礁和潟湖的正常运行关系重大，藻类稀缺或泛滥均会导致这些生态系统产生深刻变化。因此，在全球气候变化的背景下，加强科学研究，深入了解这些生态系统的复杂功能显得尤为重要。环境观测中心正在全力开展此类研究项目，着手对中光层，即水下 30—170 米的珊瑚礁区展开调查，并致力于研究珊瑚固着时钙化藻的作用，这些对我们更深入理解珊瑚礁生态系统将大有裨益。

（克洛德·佩里）

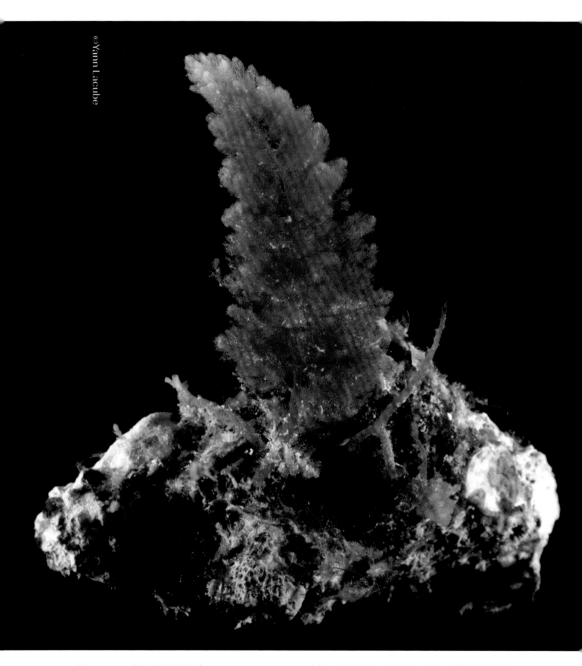

©Yann Lacube

图 2.14.3 　紫杉状海门冬（*Asparagopsis taxiformis*）是一种红藻，常见于水道、潮汐通道边缘直至礁外坡水深 30 米处

图 2.14.4 扭曲仙掌藻（*Halimeda distorta*）是一种绿藻，由一连串钙化节段联结而成，节段之间无石灰质；常见于岸礁和堡礁的坚硬基质，有助于形成砂石

图 2.14.5 波利团扇藻（*Padina boryana*）是一种褐藻，呈薄片状，其边缘随着生长逐渐展开，钙质沉积形成生长线，常见于岸礁的珊瑚碎屑中

图 2.14.6 缠结拟石花（*Gelidiopsis intricata*）是一种丝状红藻，高数厘米，常与其他藻类在死亡的珊瑚基质上形成藻床

3

珊瑚礁的
生物多样性

图 3.0　法卡拉瓦环礁的清水石斑鱼（*Epinephelus polyphekadion*）

无限小的珊瑚礁硅藻

珊瑚礁里栖息着丰富多样的动物，但这些动物在很大程度上依赖于肉眼看不见的处于食物链底端的生物，其中之一就是硅藻。硅藻是能进行光合作用（吸收太阳能产生有机物质）的真核生物（细胞具有细胞核的生物），也是单核生物。它们吸收矿物质化合物，合成糖类、脂类和蛋白质，成为鱼或甲壳动物等高等生物的幼虫所必需的食物。硅藻分布在水层（因此被称为浮游生物），或是硬质基质上（因此也可被称为底栖生物）。硬质基质包括珊瑚砂石和大型藻类，甚至连海参、海龟等大型动物的体表都拥有其所特有的硅藻群落。底栖硅藻的尺寸在 10—500 微米之间（只能用显微镜观察到），有硅质壳（两个壳面构成外骨骼），壳上图案复杂精致，可用来区别不同种类。研究硅藻必须使用电子显微镜，另外也可以借助遗传学技术，但遗憾的是，相较于湖泊环境，海洋环境中硅藻的遗传学研究进展缓慢。

热带地区底栖硅藻的研究相对较少，但是硅藻种类出奇地丰富。例如，印度尼西亚记录的硅藻有 176 属 914 种，且硅藻形态奇异，属名也很独特，有维京属（*Vikingea*），形如双角维京海盗帽；象牙号角属（*Olifantiella*），酷似喇叭，让人联想到罗兰[*]的号角。超微结构研究显示，这些区域不同海盆间的硅藻是比较相似的，但是同时又各具特色，可能反映了一定的地区特有性（endemism）。

特有性概念通常用于大型动物或大型植物，用于单细胞生物的接受度不高。虽然一些研究人员秉承"一切无处不在"的理念，但另一些人则强调南极

---

[*] 罗兰是法国中世纪英雄史诗《罗兰之歌》（*La Chanson de Roland*）的主人公。——译者

图 3.1.1　法波新近描述的几种珊瑚礁硅藻：*Cocconeis tuamotuana*，*C. spina-christi*，

C. vaiamanuensis，*Xenococconeis opunohusiensis*，*Olifantiella societatis*

洲微生物的特有性。此外，贝加尔湖也有很多特有硅藻，因此可以考虑对地理上与外部隔绝的岛屿或环礁构建物种特有性，但同时在大多数情况下，这些岛屿的潮间带（位于高潮线和低潮线之间的区域）记录的物种可能是泛热带或存在于所有热带地区的类型，甚至是全球性类型（温带也有）。例如，大理石卵形藻（*Cocconeis dapalistriata*）形态独特，最初在马斯克林群岛得到描述，后来在太平洋和印度尼西亚都有发现，就属于泛热带物种。

无论位于哪个海盆，部分珊瑚礁硅藻似乎表现出地区或生境特有性。现在的遗传学技术也逐渐揭示出一些隐存种（即形态相同，但遗传信息不同的种），因此未来可能发现更多的特有物种，甚至在那些已经根据外在形态编入全球性类别的物种中，也可能存在特有物种。从 2010 年开始，借助扫描显微镜在南太平洋进行调查，研究人员已经成功发现并命名了十几个新的种和一个新的属——新属被命名为异卵形藻（*Xenoccoconeis*）。这些新类群中，*Astartiella societatis*、*Cocconeis frustrationis*、*C. napukensis*、*C. spina-christi*、*C. tuamotuana* 最先在纳普卡环礁得到描述，后来又在塔卡罗阿环礁被发现。赖瓦瓦埃岛命名了 *C. vaiamanuensis*、莫雷阿岛的奥普努胡湾命名了 *Olifantiella societatis*、*Xenoccoconeis opunohuensis*。双面卵形藻属（*Amphicocconeis*）包含的种类数量有限，但新近在南方群岛和社会群岛也发现好几个新的种。

以上研究都印证了珊瑚礁真核生物的多样性，所以，可以肯定还有很多新种类有待发现和描述。现在尚无法确定每个类群的遗传标志物，因此底栖单细胞生物，尤其是热带底栖单细胞生物研究还大有可为。未来，我们可以尝试论证分隔冈瓦纳古陆和劳亚古陆之间的古海洋特提斯海在三叠纪至上新世的闭合，是否影响了热带硅藻和其他生物种群的生物地理学分布。目前已经证实，硅藻多样分化正是产生自那一时期。

（卡特琳娜·里奥-戈班　安杰伊·维特科夫斯基　维姆·维维尔曼）

低调无华的有孔虫世界

有孔虫化石有助于确定地层年代，因此相关研究非常丰富。生物学家真正对有孔虫产生兴趣则始自 20 世纪 80 年代，同一时期波利尼西亚也开始了有孔虫研究。可惜由于过于微小，一般大众还是不太了解它们。事实上，它们存在于世界各处海域，虽然短暂一生只生育一次，但有孔虫繁殖力惊人，因而在底栖和浮游生态系统以及生物地质化学循环中扮演着重要角色。有孔虫是单细胞生物，其唯一的细胞被包裹在矿化外壳也就是介壳（test）中——介壳由一个或多个腔室构成。根据有孔虫构造腔室所选用的材料、腔室排列的多样性、介壳壳面花纹及某些内部构造，有孔虫称得上真正的建筑大师。它们还能利用细胞的丝状延伸来游动、摄食或消化溶解质。

波利尼西亚已发现并记录了 400 多种有孔虫。大有孔虫是珊瑚礁上的特色种群，在堡礁和礁外坡的藻类群落生境中占有极其重要的地位。有孔虫和珊瑚一样，与进行光合作用的藻类共生，从而刺激细胞分泌钙质，形成介壳，其体长甚至可能超过 1 厘米。它们对热应激导致的白化现象也非常敏感。如果细胞死亡，介壳就会在流体力学效应下堆积，形成大量沙子。随着时间推移，沙子可能会沉积转化为岩石，古埃及人用于建造金字塔的货币虫石灰岩就是这样形成的。

波利尼西亚潟湖还发现了一种很特别的具有生物侵蚀性的有孔虫。这群有孔虫的各种特征，如体长（50—150 微米）、介壳形成方式、生境角色等都与前面所述的有孔虫截然相反。它们在沙砾中钻孔定居，将钻下来的沙子黏合固着成介壳。据估计，潟湖 1/9 的沙粒都遭到这些破坏分子的侵蚀。通过破坏潟湖基质，它们参与了生物侵蚀，生产出越来越细的沙子。

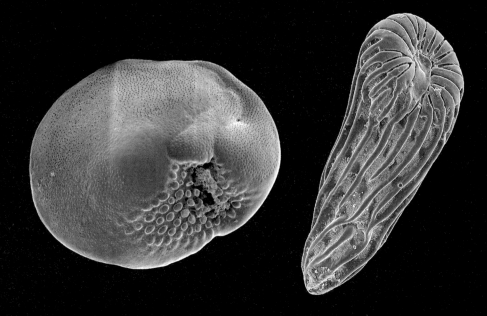

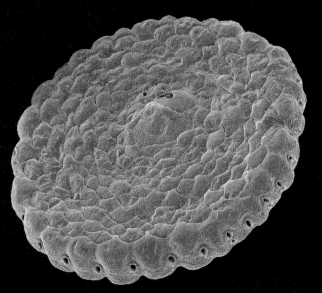

图 3.2.1　图示几种形态和图案各不相同的有孔虫（在放大率不同的扫描显微镜下观察的个体）

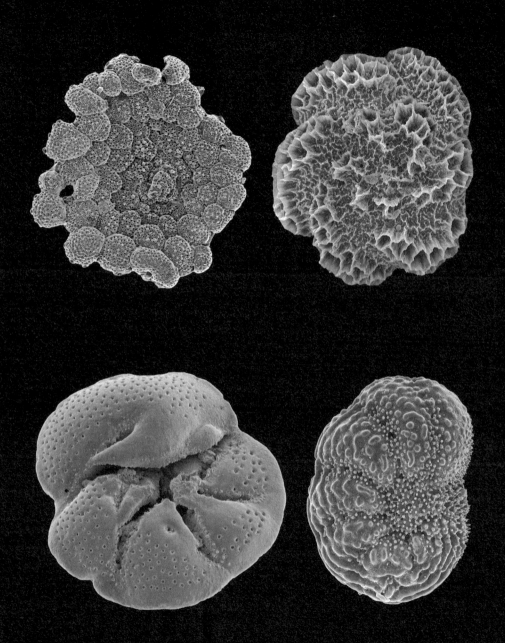

介于以上两种极端类群之间的是一群胶结壳或钙质壳有孔虫，长度小于1毫米，散布在不同生境中。它们有的随机分布，有的则对生境精挑细选。它们形态各异，或自由自在栖居于沉积物或藻类上，或稳稳当当固着在硬质基质上，甚至起到加固基质的作用。

有孔虫虽然微小，但是十分引人注目。活的有孔虫在生态系统中具有不可否认的重要作用，它们能够预警气候变化和环境污染，面对环境变化总能迅速做出反应，因此是名副其实的环境哨兵。有孔虫变为化石后，其介壳依然承载着过往环境的信息，或可以帮助测定年代，因此，在出于科学目的或经济目的而进行的地质勘探，例如勘探地下资源或土地规划工程中，它们也常常能大显身手。

（玛丽－泰雷兹·维内克－佩雷）

不可或缺的寄生虫

一般认为，珊瑚礁内具有无可比拟的生物多样性。即便如此，珊瑚礁的多样性还是被低估了，因为有一大块领域常常被忽略甚至是被遗忘了。这一领域中的物种个体微乎其微，往往藏匿在宿主体内，对它们进行系统描述和分类（在解剖、生物、生态方面详尽描述以及在生物界中的鉴定和分类）是极其复杂的，需要求助于专家或借助分子识别技术。另外，客观来讲，它们通常与一些疾病相关，因而遭人唾弃，它们就是寄生虫。据我们目前掌握的资料来看，地球上 80% 的生物多样性都是由寄生虫构成的（这还不包括细菌和病毒）。珊瑚礁鱼类研究发现，平均一种鱼体内有 10—15 种寄生虫，且鱼体内各处都有寄生虫。几乎每种鱼的消化道和体腔中都能找到圆虫（线虫纲）和扁虫（多节绦虫纲和复殖亚纲），如果掏出鱼的内脏，就很容易发现这类寄生虫。单殖亚纲藏在鱼体表面或鱼鳃黏液中，由于更小（一般小于 1 毫米）因而更难被发现，但是其危害性一点也不低：这类寄生虫固着器上的钩，插入鱼鳃，会形成伤口，引发细菌感染，致病性更强。因此，水产养殖中若有寄生虫持续快速发展会使全池鱼遭殃。

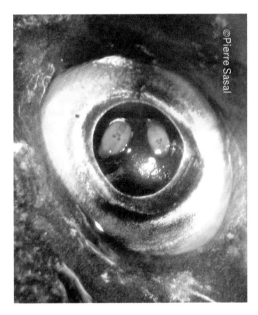

©Pierre Sasal

图 3.3.1　一只鱼眼上的寄生虫

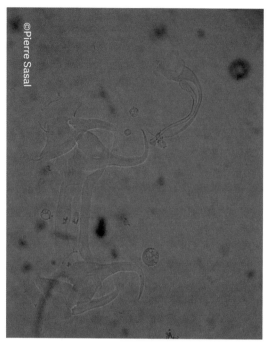

©Pierre Sasal

图 3.3.2　蝴蝶鱼体内一条寄生虫的附着钩和生殖器官

最大最容易发现的是鱼鳃和鱼体内的桡足类和等足目寄生虫。这些甲壳类寄生虫也常被称作鱼虱，是清洁鱼的首选目标。清洁鱼专门吃比自身大的鱼体内的寄生虫、腐肉、食物残渣，以及大鱼体内、鱼鳃和口腔中的黏液。潜水员对大鱼光顾"清洁站"并享受清洁鱼细致耐心的服务已经见怪不怪了。

珊瑚也会染上寄生虫，其中一些寄生虫以珊瑚为中间宿主，而啃食珊瑚的鱼才是它们的终末宿主。这类鱼只要摄食感染了寄生虫的珊瑚水螅体，寄生虫就能在鱼体内生长繁殖。这也是寄生虫在食物网中发挥效用并在生态系统内为不同物种构建关系的一个例子。

因此，除了其负面形象，寄生虫有正面的存在价值，它们能与宿主保持长期关系，也能使不同种群间保持稳定关系，是生态系统不可或缺的一部分。研究证明，局部地区某种寄生虫消亡意味着生态环境的失调。相反，一地的环境条件发生变化，一些寄生虫数量可能会增加，并可能引发严重的疾病。最后，寄生虫虽然确确实实存在于鱼类体内，但对食用鱼的人类没有什么影响（或只有在极少数情况下才有影响）。

（皮埃尔·萨萨尔）

海底两万种

面对大海，哪个小孩不曾渴望登上一艘双桅纵帆船，出发去寻找海盗落下的宝藏？一些小孩长大后紧随梦想的脚步，查遍图书馆里的资料，寻找海难线索，绘制藏宝图，然后走遍世界去寻宝；还有一些长大成了化学家，他们遍访世界各大洋，为的是寻找另一种鲜为人知的宝藏——海洋化学多样性。事实上，海洋蕴含着一些拥有独一无二结构的新分子，这些分子在健康、营养、农业、环境以及更广泛的生物技术方面，均具有极大的应用潜力。未来的医用骨骼、无矿物成分的防晒产品、不含有毒杀虫剂的新型防污剂（抑制藻类附着船体）都有待我们去海洋里寻找。

图 3.4.1 从海洋中提取分离的分子的结构

探索海洋天然产物大约始于 20 世纪 70 年代，当时有两种从海绵动物中提取的生物活性分子合成药物获准上市，它们分别是抗肿瘤（抗癌）化合物阿糖胞苷（1969 年），以及一种抗病毒化合物阿糖腺苷（1976 年）。这一成功为新药研发注入了强劲希望。可惜此后，海洋天然产物研究归于沉寂，直到 30 多年后，才又有新的海洋化合物获准上市，例如 2004 年上市的齐考诺肽是从芋螺毒素中提取出来的，作为镇痛剂，其药效比吗啡强 1 000 倍。此后还有一些抗肿瘤衍生物产生：艾立布林是提取自海绵动物的软海绵素 B（2010 年）的相似衍生物；曲贝替定（2015 年）提取自海蛸；还有单甲基澳瑞他汀 E，一种活性成分（抑制剂），与抗体连接能组成维布妥昔单抗（2017 年）。

所有这些化合物一般都是化学介质，是定居在海洋基质中的生物制造的，数量微小，因此开发这类自然资源是极其冒险甚至是有害的行为。定居在海洋中的无脊椎动物制造这些物质，可以防紫外线照射、对抗可能的捕食者，甚至与竞争物种争夺生存空间。如果从海洋动物中提取这些化合物，势必导致资源枯竭，因此，未来该领域的研究将聚焦于代谢组（样本包含的所有化学介质分子）分析以及对制造化合物的生物进行基因测序。这样就能确定细胞在制造这些化学介质中的作用，并能使人类在不影响海洋生物生存的情况下，最终实现人工生产。此外，海底的分子承载着人类的希望，要保留这些希望就要保护海洋环境……于人类而言，这些分子就是不起眼的无价之宝！

（尼古拉·安甘贝尔　贝尔纳·巴奈

伊莎贝尔·博纳尔　纳塔莉·邦当－塔皮西耶）

毒素之下的宝藏

在自然环境中，躲避捕食者是关乎生存的问题。为了躲避天敌，生物进化出很多策略，如逃跑、拟态、伪装或排斥等，有的属于视觉手段，有的属于化学手段。海洋中的初级生产者与植食性动物两类生物间的共生关系则很常见，有些植食性动物有专门为其提供食物和栖息地的宿主，条纹柱唇海兔（*Stylocheilus striatus*）和长尾柱唇海兔（*Stylocheilus longicauda*）就是典型的例

©Fabien Michenet

图 3.5.1　条纹柱唇海兔在宿主上爬行

子。它们啃食扭曲鱼腥藻（*Anabaena torulosa*），一种能产生毒素的蓝细菌。很多研究证明，海兔通过积聚扭曲鱼腥藻中的毒素来保护自己。因此，它们经常躲进扭曲鱼腥藻进行伪装，并趁机啃食鱼腥藻，哪怕鱼腥藻含有毒素！原来，海兔能够分泌酶解毒，其他物种则会避开这种鱼腥藻，于是就对海兔视而不见，令其在鱼腥藻中安然无恙！

这种共生关系引起了研究人员的强烈兴趣，因为海洋生物以生物方式转化所摄入毒素的分子机制尚不为人知。目前我们推测：这种生理适应需要酶的介入，是酶将毒素转化成生物可以利用的其他物质。这类酶可能有以下两个来源：它们或者由海洋生物自身产生，或者由共生的微生物组（microbiome）产生，并能在体内起作用。除了有必要从根本上明确共生微生物组与宿主的互动关系外，这一研究还具有重要的工业价值。事实上，酶是一种具有高度特异性的蛋白质；作为生物催化剂，它具有可持续和催化效率高的优势。这种引人瞩目的分子工具被用于农产品加工、造纸、纺织、制药以及环境工业。现在，通过定向进化改造酶又开辟出新的应用领域，2018 年诺贝尔化学奖颁发给阿诺德（Frances H. Arnold）就是明证。改造酶可以增强其使用的灵活性，从而将其更广泛地应用于工业生

图 3.5.2　藏身于蓝细菌的长尾柱唇海兔

产。工业界一直都在寻找新的酶；如今，酶的全球市场需求达60亿—90亿美元，且仍在以每年5%—10%的速度增长。在这些工业酶中，能够催化肽键水解的蛋白酶又独占鳌头，占据世界酶销量的60%。蛋白酶在学术领域也有广泛应用，可以用于研究蛋白质的分子结构，而蛋白质又是合成所有疫苗的基础分子，是药物的靶标，也是免疫反应的载体。理由如此充分，研究人员怎能不追着海兔跑呢？

（尼古拉·安甘贝尔　伊莎贝尔·博纳尔

贝尔纳·巴奈　苏珊娜·C.米尔斯）

软体动物：
数不尽的神秘与惊喜

　　神话不仅仅是对传奇性动物进行的精神创造，还是象征性表征，能在特定领域影响人类的表达。从这点来看，软体动物自古以来就充满神话色彩，常常与人类对实用、治疗、美观和精神的追求相关。法国岛屿研究与环境观测中心在波利尼西亚进行的生物勘探中，它们大量涌现。

　　黄金宝螺（*Lyncina aurantium*）于 1791 年由格梅林（Johann Friedrich Gmelin）命名，又称黄金宝贝，向来备受收藏者青睐。黄金宝螺被看作死后灵魂的安息之所，所以以前太平洋很多岛屿首领都会佩戴它。现在这种瑰丽的软体动物在

图 3.6.1　法螺（*Charonia tritonis*）

菲律宾很常见，但在法波依然是稀罕之物。宝螺（Cypraeidae）是永恒的女性象征，其俗名源于母猪的生殖器官。目前法波各岛共有 55 种宝螺。

法螺于 1758 年由林奈（Carl von Linné）命名，是法波目前发现的最大的腹足纲动物。法螺被看作古代侍奉神明的骑士用的号角，长久以来被用作仪式上的乐器或作为警示信号。现在研究发现，法螺以棘冠海星为食，而棘冠海星会啃食珊瑚并破坏珊瑚礁，因此在很多热带地区国家，法螺成了受保护的动物。

近年命名的颇具传奇色彩的软体动物当属高更芋螺（*Conus gauguini*）。它于 1973 年由理查尔（Georges Richard）和萨尔瓦命名。之所以说传奇首先是因为，这是由法国国家自然博物馆分部 – 巴黎高等研究实践学院（EPHE）命名的第一个大型底栖动物；其次，该名称来源本身也充满传奇色彩：两个商业竞争对手同时发现了这一物种，且他们拒绝按照法律规定向国家自然博物馆提交模式标本。所以后来，以画家高更（Paul Gauguin）来命名该物种实在是达成了一场高明的妥协，因为其非常罕见，螺纹呈现出美丽的粉红色、橙红色和酒红色，而众所周知，高更和马克萨斯群岛的关系又非同寻常。

这个小插曲发生后不久，我们又在塔希提岛收集到贝勒宝螺（*Erosaria bernardi*，1974 年由理查尔命名），该种能成功命名是因为它比皮特凯恩海域的近似种金菇宝螺（*Erosaria kingae*）早几星期发布。后者于 1975 年由雷德尔（Alfred Rehder）和威尔逊（B. R. Wilson）命名，现在早已被遗忘[*]。可见，实现神话有时就只差一步之遥！

此外，一切还取决于生态条件或生物地理条件。土阿莫土群岛潟湖的大型双壳类动物就很神秘，如长砗磲（*Tridacna maxima*），这种贝于 1798 年由罗丁（P. F. Röding）命名，能在封闭潟湖中神奇地聚集，它们还能通过共生关系实现能量自足，因而有着不同于一般双壳类动物的食物链。事实上，它

---

[*] 按照国际上生物命名的"优先律"惯例，首先发现并公布新物种的人拥有给该物种命名的优先权。——译者

们利用共生藻类光合作用的产物来合成自身所需的营养。珠母贝（*Pinctada margaritifera*，1758 年由林奈命名）无疑是潟湖中的又一珍品。它们很久以前就生产波利尼西亚著名的黑珍珠了。安娜潟湖因为没有这些稀世的黑珍珠，"嫉妒"得连湖上的云影都泛着暗绿的光。不过，云朵"嫉妒得发绿"其实是因为该潟湖聚积了大量的脊鸟蛤（*Fragum fragum*，1758 年由林奈命名），其分泌的黏液结块，为潟湖水体赋予一种乳白色，加之光线作用，将潟湖影像投射到上空的云上，使云彩呈现出暗绿色。这一现象在远处看得清清楚楚，而身处环礁有时反倒看不到。最后，在南方群岛最东南端的拉帕岛，1984 年的一次勘探工作中发现了极其罕见的拉帕拟套扇贝（*Semipallium rapanense*），这是该扇贝自 1905 年由巴韦（A. Bavay）命名后再度现身。

如今，我们勘探半深海域的能力还在不断提高（1997 年马克萨斯群岛，2002 年南方群岛，2009 年塔拉瓦海山），这预示着未来可能发现新的神秘软体动物。2014 年由拉比耶（M. Rabiller）和理查尔命名的波利尼西亚的战斗芋螺（*Conus aito*）就是例证：虽然生活在 300—600 米深的海域，但其体形大，螺纹图案特别，理论上再过很久也不太能见到，因而备受关注。

图 3.6.2　高更芋螺

（乔治·理查尔）

海底小不点

裸鳃类（Nudibranchia）有心脏、嘴巴、双眼，还有感觉器官，因此与人类有共同之处。但共同点仅止于此！这些海洋软体动物五彩斑斓、千姿百态，而其学名（拉丁文 nudus 是"裸露"的意思，古希腊语 brankhia 指"鳃"）反映了该种群大多数个体长有鳃或触角状突起，由于没有壳保护因而处于外露状态。裸鳃类的 3 000 多个种分布世界各地，包括两极地区。绝大部分生活在印度洋 – 太平洋地区，法波拥有大约 504 种。

虽然几乎所有种都生活在海底咸水中，但还是有一些生活在半咸水环境，另外有极个别生活在水层。裸鳃类动物很少动，动起来也非常缓慢，与陆生同属动物一样，它们也会产生黏稠的液体（近似于蜗牛或蛞蝓的黏液）。有些腹足上有外套膜，具有抓地力，使其能靠腹足爬行。爬行时，腹足固定在支撑物上，头部摇晃寻找接触物，嗅角捕捉化学物质作为引导。嗅角和位于头前部的两个触角，有的平滑，有的有环节，有的膨胀，可以根据这些器官来区分裸鳃类动物与其他外形相似的海蛞蝓。

裸鳃类动物的食性很广，可以是肉食、杂食，甚至同类相食……大部分为肉食，主要摄食固着动物，如海鞘、海绵动物、海葵、珊瑚虫，甚至是同类的卵。在进化过程中，它们发展出极其高明的防御手段。其中好几种能生产、储存或分泌酸性物质如硫酸，这在危险情况下极其有用。有些裸鳃类动物如锡兰裸海牛（*Gymnodoris ceylonica*）对猎物的毒液具有免疫力。另一些如大西洋海神海蛞蝓（*Glaucus atlanticus*），能够将猎物的化学武器转移储存、为己所用。

裸鳃类动物的体长在 1 毫米到 30 厘米之间。被称为"西班牙舞姬"的血红六鳃海蛞蝓（*Hexabranchus sanguineus*）有60厘米的体长纪录。这些色彩艳丽、形态各异的小动物对海底拍照的潜水员来说是一种真正的挑战。我们难得见到它们成群结队，一般只能在卵旁或海鞘上看见零零散散几只。

图 3.7.1　波利尼西亚五彩斑斓、千姿百态的裸鳃类动物一览，从左到右、从上到下依次为：突丘小叶海蛞蝓（*Phyllidiella pustulosa*）；瘤背海牛属的一种（*Halgerda* sp.）；帝王高海牛（*Hypselodoris imperialis*）；黄色多形海牛（*Diversidoris flava*）

前面我们提到，裸鳃类动物很少成群结队生活，但在法波潟湖尤其是莫雷阿岛潟湖里已数次发现它们集群的场面，其中一种尤其喜欢"扎堆"，那就是大名鼎鼎的锡兰裸海牛，其长度可达到 10 厘米。与其他海牛一样，锡兰裸海牛也是雌雄同体，也就是说，个体同时具有雄性和雌性生殖器官，但它不能自体受精，因此要找到一个伴侣。寻找伴侣的过程有时导致上千只裸海牛集结在潟湖的同一区域，开启它们声势浩大的狂欢。裸海牛的卵一般呈带状向内卷曲（不同种之间区别很明显）。2018 年 5 月，锡兰裸海牛的一次大规模集群狂欢，让我们有机会看到成堆的裸海牛卵，它们散布在雌雄裸海牛之间、之下或之上，位于各种意想不到的不稳定载体，如贝类的壳、破碎的珊瑚枝或植物碎片上。这些混乱的卵团随水流漂浮，也可能被大浪卷走。

©Cécile Berthe

图 3.7.2　两只锡兰裸海牛在交配，它们头尾相对交换雌雄配子

图 3.7.3　裸鳃类动物群体中的个体在交配后，留下黄色的卵链，如上图蔷薇珊瑚周围的黄色部分

　　总之，还有很多问题悬而未决，尤其是裸鳃类动物的季节性地理分布可能与摄食或生殖相关。另外，裸鳃类动物大规模集群的动因是什么？频率有多高？其他物种有没有类似现象？现在我们已在锡兰裸海牛身上发现了一些蛛丝马迹。锡兰裸海牛贪食条纹柱唇海兔，这种海兔大批集中在蓝细菌垫上，摄食蓝细菌大餐，而这种丝状藻一般于特定季节在潟湖里大量繁殖。锡兰裸海牛的集群是不是与这些季节相关呢？未完待续，敬请期待！

（阿德琳·戈约　塞西尔·贝尔特）

芋螺：是名贵收藏，是致命毒液，还是珍稀药材

　　贝壳美丽精致、壳面色彩缤纷、造型对称，任谁看了都不得不心动，真可谓大自然的精雕细刻之作！但是一定要记得心怀畏惧，因为有些贝类会对人类产生致命的伤害，它们的迷你齿舌能喷射毒性强大的神经毒液，不到30分钟就会让人昏迷。这种毒液主要用来捕食猎物或威慑天敌，其所包含的化学成分的效力比吗啡要强千倍，已被用来研制止痛药。研究这些成分复杂的毒液是一件枯燥乏味的工作，幸好现在的毒液学研究采用尖端科技手段，能够加速研发过程，为芋螺毒液广泛应用于治疗带来了很大希望。

　　芋螺分泌的神经毒液是体内产生的鸡尾酒样的混合毒液，能够快速麻痹猎物或威慑捕食者。正因为拥有这一强大武器，这些海洋肉食软体动物才能遍布全世界的热带和亚热带水域。目前已经描述的芋螺约有800种，它们食性多样，粗略可分为三大类：食虫、食软体动物或食鱼。有多种芋螺对人类具有潜在危险，但是目前确认的30多例芋螺致死事件都是由其中的一种引起的，那就是地纹芋螺（*Conus geographus*）*。之所以这样称呼，是因为最初为其命名的分类学家由其壳面图案联想到地球的平面球形图。近来科学家估算出这种芋螺毒液致死的剂量与世界上最致命的毒蛇的毒液相当。

　　芋螺毒液确实令人不寒而栗，但芋螺其实很久以前就已经是备受青睐的收藏品了。在17世纪的拍卖会上，其价值甚至超过一幅绘画大师的杰作。不

---

　　* 也称"杀手芋螺"。——译者

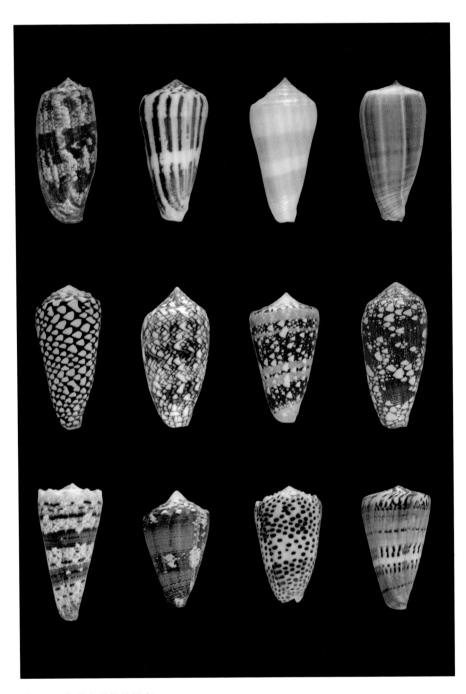

图 3.8.1　各种各样的芋螺壳

过，芋螺最大的价值还是在药理学方面，因为每一种芋螺毒液都含有数百种特有的芋螺毒素。这些肽类是在数百万年的进化中形成的，可以精准作用于关键的生理要素，而这些要素又与人类多种疾病相关，所以芋螺毒素也有了治疗价值。2004 年，第一款芋螺毒素衍生药品获批上市，以后针对芋螺的药用需求还会增加。

芋螺生境破坏和商业性过度采集是影响芋螺多样性的最大威胁，社会各界需要共同努力才能保护这些独一无二的动物。研究人员应当最大限度地减少采集样本的数量。过去数十年，研究人员往往就每种芋螺采集数十甚至上百个样本，以便通过解剖获取毒液腺。如今则可以在芋螺活体上多次少量采集毒液，加上现在分析设备微型化，灵敏度也大大提高，所以用少量样本就能得出科学上或经济上有价值的结果。所有相关策略现今被冠以毒液学的名称，可以帮助我们更快地发现毒液中的有效分子。

图 3.8.2 芋螺发射毒液的齿舌形如"小鱼叉"

（塞巴斯蒂安·迪泰特　尼古拉·安甘贝尔　塔马托阿·班布里奇）

砗磲：波利尼西亚的微笑

在土阿莫土群岛，砗磲被视作珊瑚神奥卡纳（Okana）之子，是专管分枝状珊瑚的神灵。砗磲是珊瑚礁中的标志性物种，其知名度远远超过法波的碧海蓝天。数千年来，人们就一直采集砗磲，食其肉，用其壳。砗磲在印度洋－太平洋地区的众多社群中均具有重要的经济价值、食用价值和传承价值。这些双壳类动物外表华丽，外套膜色泽绚丽多变，美丽得难以形容，因此也受到水族爱好者的青睐。

砗磲是共生生物，其组织内存在微生物群落，后者与人类的微生物群落一样，根据个体情况而有差异。砗磲组织中还有虫黄藻，能为砗磲提供生长、繁殖和生存所需的一部分能量。与珊瑚的虫黄藻一样，它们为砗磲提供光合作用的产物，如葡萄糖，来补充砗磲仅凭强大的滤水能力（2—3 升/小时）从海水获取的营养物质。通过吸附海水中的各类物质（包括病毒），砗磲能起到净化海水的作用，因此被认为是珊瑚礁生境质量和健康状况的可靠参数。从更广泛的层面上看，砗磲还为海洋碳循环和硫循环做出了巨大贡献，前一种循环通过虫黄藻进行光合作用吸收二氧化碳实现，后一种则通过生物合成二甲基硫基丙酸（DMSP）这样的物质来实现。二甲基硫基丙酸是一种有机化合物，能降低海水盐度，还能被参与环境调节的细菌降解。

砗磲是鸟蛤科（Cardiidae）砗磲亚科（Tridacninae）的统称，砗磲亚科包含 2 个属，分别为砗磲属（*Tridacna*）和砗蚝属（*Hippopus*），前者包括 10 个种，后者包括 2 个种。法波只发现 2 个种：长砗磲和鳞砗磲（*T. squamosa*）。长砗磲遍布各大海洋，一般固着或嵌在珊瑚礁基质上，很少出现在沙质海底（塔塔科托环礁和纳普卡环礁有）。因此，除了马克萨斯群岛，法波各岛均能见到长砗磲。在土阿莫土群岛东端的某些半封闭环礁，其密度能达到每个潟湖好几百万只的程度。鳞砗磲在法波的存在则是近些年才得到证实的：2007年在南方群岛、2014年在土阿莫土群岛和甘比尔群岛依次发现了鳞砗磲，从而填补了法波鳞砗磲的空白。另外，鳞砗磲这一罕见种只出现在礁外坡，在社会群岛未见有分布。

图 3.9.1　长砗磲外套膜展开和色素细胞（一般称为虹色素胞）的细节图，正是色素细胞增加了其色彩的光亮度

图 3.9.2　成堆的长砗磲覆盖着波利尼西亚众多环礁潟湖的湖底，图为塔塔科托环礁上的长砗磲

　　与其他所有珊瑚礁生物一样，砗磲也面临着全球气候变化和人类影响带来的不断增长的威胁。它们也会像珊瑚那样，由于热应激而排出虫黄藻，引起外套膜白化；如果这种状况持续下去，砗磲就会死亡。此外，近距离生活在某些珊瑚旁，也使其对热应激异常敏感。最后，海洋酸化还导致砗磲的贝壳钙化程度降低，使其幼体更易受到天敌的攻击。

（塞西尔·福夫洛　加埃勒·勒塞利耶　韦罗尼克·贝尔托-勒塞利耶）

珠母贝与波利尼西亚
黑珍珠的秘密

珠母贝是波利尼西亚珊瑚礁常见的一种双壳软体类动物，以能生成黑珍珠而享有盛誉。珍珠养殖业是当地继旅游业之后的第二大经济来源，养殖面积达 8 000 公顷，分布在三大群岛的 26 个潟湖中。在养殖场中，"受体珠母贝"会被植入一小块"供体珠母贝"的组织（珍珠囊）*以及一颗用密西西比淡水贻贝制成的球形内核中。然后，经过一段生物矿化作用过程，一颗珍珠就在内核周围形成了。

波利尼西亚的珠母贝主要生活在潟湖内，每个种群都有其所独有的遗传标志物。研究证明，地理上封闭且不与外海相通的小潟湖，如土阿莫土群岛的希蒂环礁，其珠母贝种群遗传标志物与更大、更开放的潟湖里的珠母贝不一样。另外，我们也发现马克萨斯群岛由于地理上比较封闭，因此当地的珠母贝与法波别处的珠母贝在遗传上也相差甚远。

波利尼西亚的黑珍珠养殖主要是采集野生幼贝，将其转运到养殖场，然后进行培育和植入。我们研究发现，从不同潟湖采集并转运来的珠母贝模糊了本地种群的遗传标志物，原本处于隔绝状态的珠母贝，现在能够互相接触，进行繁殖并交换各自的遗传物质。这种情形虽然对野生种群没有重大影响，但也会改变波利尼西亚珠母贝的遗传格局。所以我们看到，甘比尔群岛过去盛产蓝珍珠，但现代养殖业已淡化了这种色彩分化。

---

* 刺激珍珠质生成。——译者

图 3.10.1 从上到下，从左往右，依次为：波利尼西亚的珠母贝；稀有的红色珍珠囊的珠母贝；珠母贝中泛着孔雀绿光泽的黑珍珠；波利尼西亚黑珍珠的不同光泽和颜色等级

　　波利尼西亚珍珠驰名国际市场的另一大原因就是其丰富的色彩，如：黑色带有绿色光泽的、蓝色的、深紫色的、孔雀绿的。珍珠颜色的形成是一个复杂的过程，受到"供体珠母贝"珍珠囊颜色和养殖环境的双重影响，因而不可预测。为了更好地理解色彩这种性状的遗传性，并识别其所涉及的基因，法国岛屿研究与环境观测中心、法国海洋开发研究所（IFREMER）以及海洋资源局开展了研究，明白了单色珍珠如何转变为偏白、偏紫或偏金色的珍珠。原来，只需筛选一代基因，就可以分别获取纯白、深紫或金色的珍珠。这一成果令人倍感振奋，也成为我们进一步研究具有更高市场价值的复杂色彩（如孔雀绿和蓝色）遗传基因的基础。

　　环境观测中心和法国海洋开发研究所目前正在攻克的一大难关是筛选出优质的"供体珠母贝"，以生产色泽符合要求且质量上乘的珍珠。为此，研究人员借助前沿技术，如对珠母贝进行全基因组测序和分析，以更好地识别决定珍珠色彩的分子过程。

（萨拉·莱默　奇亲龙）

法波十足目究竟有几多

十足目（Decapoda）囊括了所有拥有 10 只步足的甲壳类动物。它们广为人知是因为其中很多都是食用种，如龙虾、虾、螃蟹。十足目也是珊瑚礁上的常见种类，尤其是在夜晚更为常见。因此，它们成为首批进入珊瑚礁物种名录的生物。该珊瑚礁物种名录由法国岛屿研究与环境观测中心建立，最初涉及的是提阿乌拉辐射带物种，随后覆盖了塔希提附近如马塔伊瓦环礁、提克豪环礁、马卡泰阿岛和塔卡波托环礁等地的物种。

图 3.11.1　学名为 *Lithodes megacantha* 的这种石蟹是法波特有物种，是 1991 年环境观测中心人员乘 "马拉拉号" 远洋渔船在莫雷阿岛海域 950 米深处捕到的

早在 20 世纪 80 年代初，环境观测中心与法国国家自然博物馆就紧密合作，完成了首批综述，记录了珊瑚礁和浅海近 200 个常见物种，其中 50 种与珊

瑚紧密相关。为了进一步推进研究工作，环境观测中心又与建立在马哈那的生物综合管理项目（SMCB）展开合作。该项目一直持续到 1990 年并且早在 1973 年就拥有一艘 43 米长的远洋渔船"马拉拉号"，可以勘察波利尼西亚的数百个岛屿（从马克萨斯群岛北部的埃奥岛到拉帕岛南部的马罗蒂里群岛）。1994 年，该渔船作为后勤保障参与了环境观测中心与 SMCB 开展的联合任务，勘探了已被列为自然保护区的塔亚罗环礁。其间，肖维（C. Chauvet）和卡迪里 – 简（T. Kadiri-Jan）对十足目的椰子蟹（Birgus latro）种群状况进行了调查。这种蟹肉质鲜美，广受欢迎，但是极易受伤害，在波利尼西亚其他大部分岛屿遭到过度捕捞，甚至已经消失了。此次行动，"马拉拉号"主要的成就在于首次勘查了波利尼西亚的深海区域，进一步补充了环境观测中心最初建立的浅海甲壳类动物名录。研究人员在水深 100—1 000 多米处放置了成千上万个捕笼，前所未有地发掘出了波利尼西亚深海丰富的动物种群，让好几百个科学上未知的新种类崭露头角，比如莫雷阿岛海域 950 米深处捕到的石蟹，就是在船上 10 多个波利尼西亚大学生的见证下捕获的。经过这次大规模勘察，波利尼西亚甲壳类物种名录数目达到约 900 种。除此之外，还有法国发展研究所（IRD）与国家自然博物馆开展的"阿里斯号"考察。2012 年，"勇敢之心号"在马克萨斯群岛开展了"致敬海洋"勘察——这次工作也得到环境观测中心的积极支持和参与。作为成果，我们又在马克萨斯发现了多个特有的甲壳类动物，如普潘（Joseph Poupin）和斯塔默（John Stamer）命名的一种新花瓣蟹 Neoliomera moana。所有这些勘察工作，均由环境观测中心积极发起或受其资助，使波利尼西亚十足目物种名录达到了约 1 160 种。但是，实际数量远不止于此，现今借助 DNA 测序技术能比较便利地对隐存物种进行研究，弥补以前仅停留在外在形态描述的水平。过去积极的描述工作结合现今通过新技术开展的研究共同证明了一点，法波十足目物种的总数在未来几年至少可以达到 1 500 种。

（约瑟夫·普潘）

图 3.11.2　环境观测中心在研的数千种甲壳类十足目动物举例，从左往右，从上往下依次为：背刺异腕虾（*Heterocarpus dorsalis*），马凯莫环礁，900 米；寄居蟹属的 *Paragiopagurus fasciatus**，马罗蒂里群岛，130 米；新花瓣蟹属的 *Neoliomera moana**，法图伊瓦岛，20 米；巴巴刺铠虾（*Babamunida hystrix*）*，穆鲁罗瓦环礁，290 米；奇蒙仿蛙蟹（*Notosceles chimmonis*），希瓦瓦岛，25 米；柯氏礁螯虾（*Enoplometopus crosnieri*），瓦普岛，120 米（* 表示波利尼西亚的特有种）

"铤而走险"：
法波软体动物引进史

全世界软体动物超过 12 万种，是继节肢动物之后的第二大动物种群。软体动物也是最具多样性的动物之一，分为 8 个截然不同的纲，其中最著名的是腹足纲和双壳纲，前者包含 10 万个物种，后者包含 12 000 个物种。软体动物出现于寒武纪，在地球上已经生活了将近 6 亿年，它们占据地球上的不同生境，包括陆地、海洋、淡水，但拥有软体动物种类最多的栖息地是海洋。软体动物也是法波珊瑚礁最重要的动物之一，目前记录的种类数量约为 2 500 种。它们具有极强的适应性，能够生活在千差万别的环境中，从海浪拍岸的堡礁到风平浪静、泥沙铺底的潟湖，到处都能看到它们的影子。

可惜，法波软体动物令人惊叹的生物多样性受到人类和环境变化（海水温度升高、海洋酸化、污染）的威胁，尤其还有人类其他行为带来的影响，主要是人为有意或无意引进外来物种的行为。目前，物种引进已被认为是全球生物多样性丧失的第二大原因，而法波岛屿环境形成的天然的地理隔绝，使物种更易遭受侵害。

人为有意引进物种一般是为了使之参与生物竞争、丰富生物多样性或商业开发新物种（养殖、农业），但有时这种行为是十足的"铤而走险"，后果完全不可预见。

1957 年，波利尼西亚为了重振贝壳贸易，决定引进印度洋 – 太平洋地区一种名为大马蹄螺（*Trochus niloticus*）的软体动物。这次引进后来被证明是成功的，当地自 1971 年起开始商业开发大马蹄螺。现在，大马蹄螺捕捞受到严格的管理。该种的发展也未对珊瑚礁环境和本地软体动物产生消极影响，本地软体动物的多样性和丰度并未因为大马蹄螺的引进而发生变化。

然而就陆生软体动物引进来讲，外来引进种——非洲大蜗牛（*Lissachatina fulica*）和玫瑰蜗牛（*Euglandina rosea*）——则给当地物种带来重大灾难，成为典型的反面教材。1967年，非洲大蜗牛被无意引进塔希提的法阿区，随后几年，该种蜗牛快速扩散，在社会群岛全境和马克萨斯群岛都有发现。它们食量惊人，破坏力极大，对传统农作物、绿化苗木和园艺物种造成巨大损失。因此，1974年12月，塔希提岛马希纳区希望通过引进玫瑰蜗牛来遏制非洲大蜗牛。可惜这次引进物种进行生物控制的尝试完全失败，因为非洲大蜗牛的种群动力学在引进玫瑰蜗牛的地区和未引进的地区完全一致。玫瑰蜗牛体形小，根本无法攻击比自身大10倍的对手，它们最多只能攻击非洲大蜗牛的幼螺，所以根本无法改变非洲大蜗牛的种群动力学。相反，本地特有蜗牛因为体形小，易攻击易吞食，反倒成了玫瑰蜗牛的腹中餐。

任何被引入原本分布在外地区的物种都可能成为入侵物种。如果引进不当，引进种可能彻底改变原有的自然景观，引发局地甚至整个地区物种的灭绝，极大地影响生态平衡。如果引进得当并受到合理监管，引进物种则是大有裨益的行为。所以关键在于，引进物种的积极效果是否胜于消极影响。

具体到法波软体动物，引进大马蹄螺的"铤而走险"可看作是"胜利的"，而引进非洲大蜗牛是彻底"失败的"，后者不但未能解决原有的问题，还引起了本地特有种的灭绝，实在是得不偿失。奇怪的是，法波不同群岛过去数十年无意引入的淡水软体动物，却极大地丰富了该种群的生物多样性！所以，波利尼西亚软体动物引进情况给我们提供了对比鲜明的例子，它充分说明引进新物种的后果是难以预见的。假如很难甚至无法避免无意引进物种，那我们在有意"冒险"之前，要认真思考所有可能的后果。

图 3.12.1　非洲大蜗牛于 1967 年被无意引进塔希提，并迅速扩散到法波大部分岛屿，对作物造成了极大的损害

图 3.12.2　玫瑰蜗牛于 1974 年被引入法波，用以制衡非洲大蜗牛的迅速繁殖

©Jean-Pierre Pointier

图 3.12.3 法波引进玫瑰蜗牛的后果之一，就是本地丰富的特有蜗牛灭绝，如图中漂亮的波利尼西亚树蜗牛（*Samoana bellula*），该照片 1985 年拍摄于马克萨斯群岛的乌阿普岛

（让－皮埃尔·普安捷）

海洋中的"星星"

蛇尾经常藏在岩石下或珊瑚礁的孔隙中，因而鲜为人知。实际上，蛇尾纲（Ophiuroidea）包括 2 000 多个种，是棘皮动物门中种类最丰富的。蛇尾是海胆、海星、海参、海百合的近亲，只存在于海洋：从海滨到几千米的深海，从南到北各纬度的海洋中均有分布。蛇尾还是一种很古老的动物，其化石最早可以追溯到 4.5 亿多年前，与珊瑚礁最早的珊瑚一致。

大多数蛇尾是碎屑食性的，能积极参与海洋有机物质的循环，因而扮演着重要的生态角色；还有一些则是滤食性的（以水中的浮游植物或浮游动物为食），它们在水中伸开腕足捕食小猎物，大型的蛇尾甚至还会捕食鱼或枪乌贼。蛇尾在英语中被称作"脆海星"（brittle stars），这是因为它们为了躲避天敌，能够自断 5 个腕足中的一个或多个。蛇尾的天敌包括鱼、甲壳类、海星，甚至是其他蛇尾。一些蛇尾还能发光，它们利用这种新奇的生物机制来驱赶捕食者、吸引猎物，并实现与性伴侣的交流。

蛇尾与大多数海洋动物一样可以进行体外繁殖：它们将雌雄配子释放到水中进行受精。这种方式能产出浮游幼体（摄取浮游生物的幼体）或卵黄营养幼体（发育所需营养依赖于卵内贮存的营养物质的幼体）。幼体在水中漂流或长或短的一段时间后，会变态发育成小蛇尾，并沉入海底开始底栖生活。所以蛇尾扩散能力的强弱对其分布有很大的影响。但是也有一些蛇尾采取体内繁殖的方式：受精过程在"生殖囊"里进行，"生殖囊"与生殖腺相连。母体会一直孵化受精卵直至幼体形成，因此这些幼体不会扩散到离母体太远的海域，它们以家庭为单位分布。部分蛇尾还能通过分裂（母体自行分裂成两部分）进行无性生殖，所以我们经常会见到只拥有一半体盘和 3 只腕足的蛇尾，其另一半身体则正处于不同的再生阶段——原来蛇尾缺失的身体部分是可以再生的！

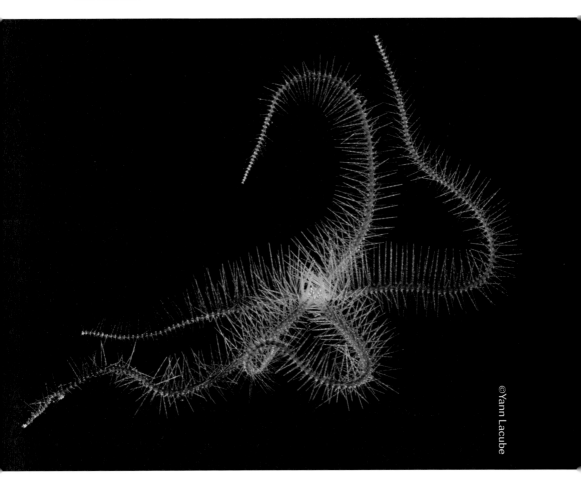

图 3.13.1 刺蛇尾科（Ophiotrichidae）刺蛇尾属（*Ophiothrix* sp.）广泛分布于珊瑚礁中

图 3.13.2　很多蛇尾生活在其他海洋无脊椎动物上，如上图中的刺蛇尾攀附在柳珊瑚上

　　印度洋－太平洋海域的珊瑚礁里生活着超过 300 种蛇尾。一般来说，由于它们具有丰富的多样性，并能在多种不同生境中生活，因而成为研究生物地理学（生物多样性在地球上的分布）的可靠样本，也是理解地质演变过程中塑造生物多样性的各类因素的一把钥匙。现今的遗传学手段能够帮助我们继续发现新的物种，而且我们认为，蛇尾的物种多样性可能还是被低估了 40%！因此我们还要不断探索珊瑚礁，尽可能多地记录不同的蛇尾。

（埃米莉·布瓦森）

深海"森林"

珊瑚礁主要由石珊瑚构成，石珊瑚也称硬珊瑚。在过去几十年中，由于气候变化导致海水温度升高，以及局部地区人为污染不断加剧，世界各地珊瑚礁均遭受前所未有的损害。毫无疑问，珊瑚礁危在旦夕，相关科学证据近几年正不断增加。石珊瑚构成的珊瑚礁已成为气候变化的重要指标之一。正因如此，一谈到珊瑚，所有人，甚至包括一些科学家，只会想到石珊瑚。

实际上，珊瑚礁生态系统还有很多其他种类的珊瑚，它们同样美丽多彩，同样不可或缺。可惜除了研究温带地区（如地中海）珊瑚的科学家，其他大部分科学家甚至都不承认它们是珊瑚。

这些被遗忘的珊瑚都是哪些？要回答这个问题，就需要追溯历史，回到古希腊时期。根据希腊神话记载，当珀尔修斯割下美杜莎（戈耳工*三女妖之一）的头颅时，女妖的血流淌到部分海藻上，海藻因此石化并变成了柳珊瑚。

所以，最早为人知晓的珊瑚实际属于分类学上的柳珊瑚目，而不是石珊瑚目。但是现在，柳珊瑚目（Gorgonacea）这一术语已不再使用，取而代之的是软珊瑚目（Alcyonacea），目下包含柳珊瑚科（Gorgoniidae）。从分类学角度讲，柳珊瑚科只包括一小部分珊瑚，但柳珊瑚这个名称还是保留了下来，用来统称那些形似树枝、具有蛋白质骨骼、中等硬度的珊瑚。

---

* 法语为"Gorgone"，与柳珊瑚的名称一致。——译者

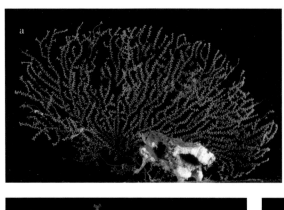
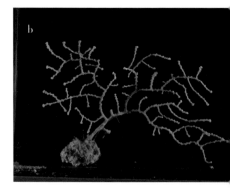
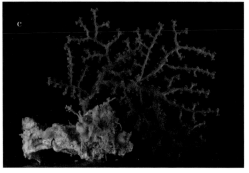

图 3.14.1　"深海希望"（DeepHope）探险时在莫雷阿岛水深 90—130 米处发现的几种柳珊瑚，分别为：a. 棘柳珊瑚属（*Acanthogorgia* sp.）；b. 星柳珊瑚属（*Astrogorgia* sp.）；c. 鳞侧尖柳珊瑚属（*Paracis* sp.）；d. 疣状柳珊瑚属（*Verrucella* sp.）

　　柳珊瑚与其近亲石珊瑚一样，都是由无数个水螅体组成的，柳珊瑚水螅体有 8 个触角（因此也叫八放珊瑚），而石珊瑚有 6 个或 6 的倍数个触角（因此也叫六放珊瑚）。

　　那么柳珊瑚有什么特别之处呢？柳珊瑚的生长比石珊瑚快，因为它们无须制造坚硬的钙质骨骼。柳珊瑚具有像树一样的分支结构，当种群密度非常大时，就形成了真正的海底森林，会随水波摇曳，就像陆地森林随风摇摆那样。这些水下森林与陆地森林在结构或功能上也具有部分相似性。两者最大的差异就是前者由动物主导，而后者由植物主导。最后，树木通过光合作用吸收能量，柳珊瑚摄食水体中的浮游生物和有机物质，而造礁石珊瑚强烈依赖共

©UTP-Julien Leblond

图 3.14.2 "极地之下"探险队在深海珊瑚礁发现的繁茂的柳珊瑚

生的虫黄藻为自身提供能量。

研究认为，柳珊瑚对海洋酸化具有更强的抵抗力，不易白化，种群恢复力一般强于石珊瑚。在一些珊瑚礁区，如加勒比海，柳珊瑚是处于主导地位的珊瑚，形成了壮观的水下森林。甚至一些科学家据此认为，我们正在经历一场转变：原本由石珊瑚主导的珊瑚礁景观正在转向由柳珊瑚主导的珊瑚森林景观。在其他一些珊瑚礁区，如法波，则要潜水至中光层才能发现柳珊瑚。如果你有幸潜水至此，从水下 60—70 米处开始，你就会发现，海底岩石的倾斜度从缓坡过渡为垂直的岩壁，透入水中的阳光减少，暮光区由此开始，石珊瑚变得星星点点、稀稀落落。原来，你已逐渐远离石珊瑚的王国，步入了柳珊瑚的乐土。

（洛伦佐·布拉曼蒂）

127

其貌不扬的黑珊瑚

珊瑚礁看起来总是色彩艳丽、生机勃勃，实际却掩藏着一种极为低调的生物：黑珊瑚。相比于其他珊瑚礁物种的高调张扬，黑珊瑚朴实无华，因而不易被人发现，但黑珊瑚其实既稀有又珍贵。

黑珊瑚形如洗瓶刷或开瓶器，有的又细又长，有的浓密呈荆棘状（所以有点像柳珊瑚）；它们有的遗世独立，有的则成群聚居，形成水下森林，庇护着多种多样的生物。即使最老练的分类学家，也不得不叹为观止。黑珊瑚的神奇和所谓的低调还不止于此，它们的色彩也非常多变。尽管由于黑色骨骼而被冠以黑珊瑚的名称，但实际上，其组织的色彩可以是鲜亮的黄色，也可以是柔和的粉色。

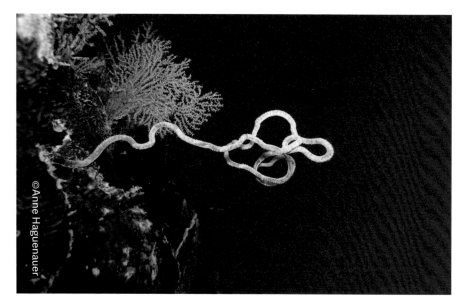

©Anne Haguenauer

图 3.15.1　法波细长的纵列属（*Stichopathes*）黑珊瑚

©Mathilde Godefroid

图 3.15.2　莫雷阿岛纵列属黑珊瑚水螅体细节图

　　更让人惊叹的是，黑珊瑚能够适应地球上最为极端的环境，无论热带、温带还是极地的水域都有其身影，哪怕在深海也依旧能看到黑珊瑚。某些不引人注目的黑珊瑚个体可能已经存在超过 4 000 年，因此是地球上最古老的生物之一。

　　可惜稀有之物不但会引发赞叹，还会激发占有欲，黑珊瑚也不例外。黑珊瑚又称"海洋玫瑰木"或"海底珍宝"，很久以前就被采集用于珠宝加工，传统医学也宣扬其有诸多益处。尽管现在很多国家都将黑珊瑚列为保护对象，但是一些地区还是不断有人对其进行违规采集或过度开发，导致浅海黑珊瑚受到很大威胁。

　　由于以上种种原因，黑珊瑚愈发受到科学家的关注。我们在法波也试图更努力地研究这种令人着迷的生物，比如设法搞清楚它们如何抵抗海洋升温的威胁。初步研究表明，黑珊瑚可能在一定程度上适应了气候变化。

　　要是你下次再去海底潜水，一定要格外注意，因为黑珊瑚很可能就在不远处……

（玛蒂尔德·戈德弗鲁瓦　菲利普·迪布瓦　利蒂希娅·埃杜安）

珍珠鱼的奇特生活

波利尼西亚海水中有一些鱼过着奇特的共生生活。隐鱼（Carapidae，也叫珍珠鱼）中的部分鱼类可以寄生在各种无脊椎动物体内。其中寄生在海参（又被称作"海黄瓜"，塔希提语中写作 rori）体内的隐鱼，一般由宿主肛门进入。海参的肛门连着泄殖腔，隐鱼经由泄殖腔改道进入呼吸树，便不会再继续进入消化道了，因为海参消化道里充满沙子，会妨碍鱼的呼吸，剐蹭其无鳞的皮肤。那么，隐鱼是如何征服其宿主的呢？原来，海参通过肛门呼吸，所以会在肛门处产生规律的水流。隐鱼能探测到海参呼气时的这种水流，因而可以确定海参肛门的位置，然后探头过去。海参当然不同意，它会收缩肛门。于是隐鱼就对着肛门等着……海参憋不住，重新开始呼吸。一旦肛门开一点小缝，隐鱼就把尾巴伸进去，然后倒退着进入海参的泄殖腔。这简直是一种完美的体位！一些隐鱼会经常钻出海参的身体，摄食海里的鱼类或甲壳类，另一些则会专门吃掉海参体内的其他隐鱼。倒着钻入海参体内时，隐鱼的头朝向出口，这样就可以吃掉试图步其后尘的同类。一些隐鱼只将宿主当作庇护所或者"婚房"，另一些则专营寄生生活，它们一到达海参的呼吸树，就会将其撕咬开，进入海参体腔，并以海参的生殖腺为食。寄生隐鱼还进化出了一些特殊的形态特征，相比那些摄食鱼类或甲壳类的隐鱼，由于寄生隐鱼以更柔软的海参生殖腺为食，所以颌骨没那么坚固，口腔肌肉没那么发达，牙齿更小也更少。隐鱼科还有其他一些令人惊叹的种类：有些隐鱼能钻入海星体内，由于海星一般没有功能性肛门，所以隐鱼经由海星口进入，穿过海星胃，躲进海星体腔里。还有一类隐鱼则选中珠母贝作为目标，占据珠母贝贝壳和外套膜之间的空间。这一类不是寄生隐鱼，它们会在夜晚摄食蠕虫或甲壳类。

波利尼西亚珊瑚礁隐鱼至少有 6 种，最新一种是 2006 年在奥普诺胡海湾被发现的。

图 3.16.1 宿主体外的大牙隐鱼（*Carapus homei*）

隐鱼都能发出一种类似击鼓的声音，这种声音一般是在进入宿主体内之前或在宿主体内与对手抢地盘时发出的。寄居在牡蛎中的隐鱼所发出的声音处于某一确定的频率范围内，它们以此利用牡蛎的瓣作为"喇叭"，使声音传播得更远。

（埃里克·帕尔芒捷）

©Yannick Chancerelle

图 3.16.2　这条黄巨身隐鱼（*Carapus boraborensis*）刚发现目标宿主梅花参（*Thelenota ananas*）。请仔细观察，虽然隐鱼没有发达的鱼鳍，但细长的体形使其可以轻而易举钻进宿主体内

图 3.16.3　黄巨身隐鱼试图倒钻进自己钟爱的宿主蛇目白尼参（*Bohadschia argus*）体内

鱼骨背后，是鱼和人类的过去

当一队考古人员在某一地点进行考古发掘时，往往能够揭示出该地点人类活动随时间变化的情况。波利尼西亚国际考古研究中心的考古队在马克萨斯瓦胡卡岛哈恩的海岸沙丘上挖掘时，同样根据渐次显露的地层来判断古代马克萨斯人是如何利用该地的。随着挖掘不断深入，他们不但发现有机质地层和铺钿，还有大量贝壳鱼钩和动物遗骸，包括贝类、鸟骨、猪骨、海洋哺乳动物的骨头、龟骨，尤其是还有成千上万的鱼骨。

1 厘米　　　　　　　　　　　　　　　　　　　　　　1 厘米

©Vahine Ahuura Rurua

图 3.17.1　考古发掘的鱼骨与红锯鳞鱼属（*Myripristis sp.*）前上颌骨的对比

根据这些遗骸，考古学家会尽可能还原曾经居住此地并利用此地资源的人类的生活。既然是在海边，古代马克萨斯人理所当然会捕鱼，而且捕鱼活动在他们的饮食、社会生活、知识和想象中都具有极为重要的地位。因此，对遗留的渔具以及收集的大量鱼骨进行分析就显得格外重要。鱼骨帮助我们鉴别不同时期鱼的种类，评估每一种鱼的个体数量、体长和重量。但是，鱼骨架包含很多骨头，骨头形状因鱼种不同而千差万别，所以整个分析过程非常复杂。种属的确定通过比较解剖学方法进行：将考古发掘的骨头与现代鱼的骨头进行对比。这就要求拥有尽可能丰富、可供参考的现代鱼骨架，并熟知其体长和重量。可见，对发掘出来的成千上万块鱼骨进行鉴定，是一件漫长而略显枯燥的工作，但这也是唯一的方法。除了能显示不同时期鱼的种类（从而评估过去的生物多样性），该方法至少还可以为我们还原以往渔业活动的以下两方面情况：一是捕鱼的地点，二是捕鱼的方法。

捕鱼的地点一般根据遗迹周边的地形轮廓来识别，必要时，也可以扩大范围，根据已掌握的不同鱼的行为特性来确定。在这些参数的基础上，参照过去且（或）在封闭地区收集的人种志信息来还原捕鱼方法。有了人种志信息，我们能了解到当地人捕获的猎物，他们的生活条件、捕鱼策略、仪式和禁忌等细节。同样，根据发现的鱼种和其所在地区的捕鱼条件，也可以对古代马克萨斯人使用的捕鱼技巧、某些社会状况（如性别分工）、信仰、食物禁忌或捕鱼相关仪式提出可信度很高的假说。

这种人类学－考古学方法之所以成为可能，是因为传统文化继承的是1 000年前人类社群的知识和实践。1 000年前的人们开发利用着与我们现今非常相似的生态环境，即便现在仍能发现很多过去的痕迹。对这些痕迹悉心研究虽然并非万无一失，但也是了解他们日常生活、物质生活和精神生活的唯一方法。

（埃里克·孔特　瓦希尼·阿于尔·鲁鲁阿）

图 3.17.2　2009 年哈恩考古发掘现场（马克萨斯瓦胡卡岛）

绿海龟的秘密

如果足够幸运的话，1 月至 4 月间，我们在波利尼西亚海滩上可能会发现沙子里有东西在动。随后，一团沙块滚落，一只脑袋钻出窝，然后是 2 只、3只……10 只，很快就有数百只小海龟勇敢地冲向大海，开启生命之旅。它们要去哪儿？这可是一个天大的秘密……

海龟科（Cheloniidae）中的绿海龟（*Chelonia mydas*）和玳瑁（*Eretmochelys imbricata*）是在法波产卵的。但是我们在海岸也能看到红海龟（*Caretta caretta*）和太平洋丽龟（*Lepidochelys olivacea*）。海龟是远距离洄游动物，在热带所有海域都能看到绿海龟的身影。

©Thomas Vignaud/CNRS Photothèque

图 3.18.1　生长池里几个月大的绿海龟

海龟一出生就会回到海洋生活几年。这几年隐藏着很多秘密,所以被科学家称为"失踪的几年"(the lost years)。刚出壳的海龟去了哪儿? 它们是游到某个具体地点,还是随波逐流? 即使是现在,也很难跟踪海龟这一时期的踪迹。最初几年的远洋生活结束后,绿海龟会靠近海岸生活。对它们而言,这也是食性发生变化的时期:在海洋里,它们是杂食动物,之后则逐渐转为植食性动物,因此会在离海生植物较近的区域定居生活。到了性成熟阶段(20—40 岁),雌雄海龟会游到固定区域交配,它们似乎每年都来到同一区域。据估计,这些区域靠近海龟出生的沙滩,但对此我们还了解不多,所以也不排除交配区靠近摄食区的可能。交配之后,雌海龟回到自己曾经出生的沙滩产卵。这样看来,它们实际上要跋涉上千千米才能到达波利尼西亚产卵! 例如,斐济绿海龟就要跋涉 3 000 多千米的旅程。在这一漫长的洄游期,它们是利用地球磁场定向的。此外,绿海龟一季能产 3—7 次卵,产卵后它们又回到摄食的海区,一直待到下次繁殖季,一般是 2—6 年后了。

图 3.18.2 莫雷阿岛珊瑚礁的成年海龟

这种繁殖方式导致不同绿海龟种群在遗传上处于相互隔离的状态。例如，澳大利亚大堡礁北部的海龟种群和南部种群在遗传上迥然不同，即使它们在摄食区能产生接触，但因繁殖地点不同，所以在遗传上不同。法波环境管理局委托法国岛屿研究与环境观测中心研究法波绿海龟种群的行为特性。法波是否有多个绿海龟种群？它们的地理分布如何？它们互相之间是完全隔离还是多少有些联系？有遗传差异的海龟受外界影响的程度是否也有差异？影响它们繁殖的参数是什么？以上就是环境观测中心目前正在攻克的问题，为的是更深入地了解绿海龟种群以便更好地保护它们。对此，研究人员依托环境管理局及其合作伙伴提供的收集超过 10 年的样本。他们从产卵期的雌海龟、刚出生的海龟或幼龟身上各提取一小块皮肤，进行 DNA 检测。初步结果显示，法波是绿海龟遗传多样性的重要区域，这也激励我们就此问题继续展开更加深入的研究。

（维奥莱纳·多尔福 米里·塔塔拉塔）

珍贵的蓝纹虹

在法波的标志性海洋物种中，虹与鲨鱼、海龟、鲸、海豚等具有同等重要的地位，甚至曾经有些部族还将虹作为图腾来崇拜。虹代表智慧与和平，因此从未或几乎从未被食用过。

蓝纹虹（ *Dasyatis pastinaca* ）在塔希提语中有多种叫法，如易乌虹鱼（Fai i'u）、坡塔卡虹鱼（fai potaka）或海虹鱼（hai），不同群岛有不同称呼。它们在浅潟湖中很常见，为当地民众或游客所熟知，因此具有相当特殊的地位。

蓝纹虹广泛分布在南北纬 25° 范围内。它形如圆盘，最大的雌性虹鱼的体幅也不超过 140 厘米。从分类角度看，虹与鲨鱼有很多相似的生物性状。它们都是软骨鱼，也都属于板鳃亚纲，所以虹实际上是"扁平版"的鲨鱼！雄性虹鱼一般比雌性小，其尾柄两侧各有一个鳍脚（生殖器官），很容易区分。虹一年有多次交尾，且为体内受精。雄性虹鱼趴在雌性鱼背上紧咬住雌鱼完成交配。妊娠时长尚不明确，估计为 4—6 个月。虹为卵胎生，即受精卵在母体内发育。一般认为一胎可以产 4—6 条幼鱼，但在波利尼西亚，相关研究少而又少。幼鱼的生活区域尚不清楚，它们很容易藏在泥沙地底里，巨大的胸鳍扇动着，掩盖住整个身体，只露出双眼……我们观察到的最年幼的个体是在莫雷阿岛的莫图蒂亚胡拉南端，其体幅仅 32 厘米，呈浅灰色，几乎是透明的，拖着一条弯曲而灵活的长尾巴，大概也就出生几天而已！

虹用鳃呼吸，腹面两侧各有 5 个鳃孔，螺旋孔是位于双眼后的 2 个圆孔，穿透皮肤和颅骨，腹背均能看见，从背面看位于双眼两侧。

蓝纹虹口腔中有两排坚固的平板状牙齿，具有很强的研磨力。牙齿细小，与鲨鱼的一样为角质齿，更小，但也很坚固。虹主要以沙质海底中的甲壳类、软体动物和蠕虫为食。

图 3.19.1　在莫雷阿岛日落时观察到的蓝纹虹

虹能轻轻松松躲藏在沙子里，并拥有两种技巧应对天敌的进攻：要么迅速逃跑，要么用尾部的一两根毒刺进攻。这种毒刺含有毒性很强的毒液，长度可以达到 20 厘米，两端有锯齿，堪比最锋利的刀子。在进攻中，毒刺不仅能将敌人的肉刺穿，还能放射出毒液，给敌人造成严重后果。

自 1995 年起，莫雷阿岛的蓝纹虹被游客投喂的诱饵鱼块吸引。这种喂食行为很快就流传开来，每年能为当地吸引大量游客（2008 年超过 7 万人），也就是说每条虹每年能产生 12 000 欧元的收入！虽然在当地某些景点，喂食行为受到莫雷阿岛《海洋空间管理规划》（PGEM）的监管，但其事实上已经对该物种的生态造成了重要影响，因而 2017 年 10 月修订的《环境法典》在整个波利尼西亚全面禁止了喂食行为。

图 3.19.2　在一处观测站看到的一个乌翅真鲨（*Carcharhinus melanopterus*）群中的一条蓝纹魟

　　蓝纹魟在全世界的研究都很少，已被列入《世界自然保护联盟濒危物种红色名录》中的"易危"等级。

（塞西尔·加斯帕尔）

鳐

全球鳐总目（Batoidea）*包括630多个物种，法波只有十几种，其中体形最大的是蝠鲼（*Manta*），最具旅游观赏价值的是蓝纹虹。本篇要讲的鳐（*Myliobatis aquila*）则是一个颇为边缘的种。虽然鳐也很有吸引力，但难以接近，其食性有时也与人类的冲突。鳐属于鲼科（Myliobatidae），该科之下的鹞鲼属（*Aetobatus*）有法波所独有的睛斑鹞鲼（*Aetobatus ocellatus*）。鳐的特点是身体呈菱形，吻鳍呈鸟喙状，尾巴细长得像一条鞭子，背部有条纹、眼状斑或白点——其分布因个体不同而有差别。鳐腹背扁平，嘴巴和5对鳃裂孔位于腹面，2个喷水孔位于身体上部，双眼分布在头两侧；鳍与头连成一体，能确保逃跑时，鳐通过扇动鱼鳍产生强大的推力。鳐的尾巴细长，可能比身体长出5倍，上面长有毒刺。

鳐属于上底栖鱼类。它们占据多种多样的生境，从潟湖底到外海，从沿海水域到港湾，到处都可以看见它们的身影。法波五大群岛都有鳐分布。有时能看到数百条鳐集结成一大群，人们在土阿莫土群岛朗伊罗阿环礁有名的蒂普塔潮汐通道就目击过这一场景。有时我们也能看到一条鳐独自在潟湖里觅食。

鳐已受到世界自然保护联盟（IUCN）的重点关注，被列入《世界自然保护联盟濒危物种红色名录》中的"易危"等级。作为海洋中级捕食者，鳐既是捕食者也是猎物，它们在复杂的珊瑚礁生态系统和海洋食物链中具有非常重要的作用。鳐的生活史性状表现为：生长发育慢、性成熟晚、孕期长、每胎数量

---

* 虹科、鲼科、蝠鲼科等都属于这一总目。——译者

少且不是年年繁殖，这让其很容易受到各种人类活动影响。另外，近岸生活的鳐加之其游泳的能力也使该种容易受到各种捕捞方式（如刺网捕捞、延绳钓、底拖网）的影响。在法波，鳐不受任何法律保护。当地人偶尔会食用该种，但并未将其作为主要食物来源。相反，鳐在某些环礁和岛屿还被看作一种有害物种，因为它们摄食双壳类动物，尤其是摄食声名在外、经济价值极高的珠母贝。不少珍珠养殖户都目睹过鳐如何使出各种招数，拆解养珠人设置的保护机关，以享用养殖场成串的美味珠母贝。

图 3.20.1　法波朗伊罗阿成群的纳氏鹞鲼（*Aetobatus narinari*）。鹞鲼群可以集结数百条个体，一般为成熟的雌性或雄性个体；这种集群的功能和结构尚待进一步研究

鳐也是法波潟湖中的珍宝之一，虽然逃跑速度极快，但它也会接近并追随潜水员，表现出一定的好奇。如果有机会经历，它将会给你留下深刻难忘的印象。

图 3.20.2　可通过菱形体盘、尖吻鳍、长尾巴来识别纳氏鹞鳐，其腹背还有图案（线条、眼状斑、白点），每个个体的图案均不同

（塞西尔·贝尔特）

蝠鲼的日常

座头鲸或鲸鲨威武勇猛，专门猎食海洋小型浮游生物，但是除它们之外，法波海洋中还有一种庞然大物名叫蝠鲼。蝠鲼包括 2 个种，一为巨蝠鲼（*Mobula birostris*），数量较少（5%），主要集中在马克萨斯群岛；一为礁蝠鲼（*Mobula alfredi*），占 95%，法波各群岛均有分布。以上数据是法国岛屿研究与环境观测中心研究人员和众多法波潜水爱好者通力合作共同收集到的。潜水爱好者主要从 2000 年开始，持续拍摄了成千上万张蝠鲼的照片，尤其是从水下仰视拍到的蝠鲼腹部照片。要知道区分这两种蝠鲼是很容易的，巨蝠鲼的鳃孔之间没有任何斑点，而礁蝠鲼不同个体长有不同的斑点。蝠鲼大部分时间都在海里或远离海岸的地方活动，因此很难被观察到，但是它们日常的捕食、清洁和繁殖活动，为潜水员近距离观察蝠鲼提供了机会……

浮游生物是蝠鲼的美食，但浮游生物生产取决于某些区域特有的因素，例如提克豪环礁和波拉波拉岛的潮汐通道或潟湖，这些区域集中了营养物质（主要是矿物盐）和阳光，有利于浮游植物进行光合作用，光合作用的产物构成食物链的起点。由于浮游植物繁盛，以浮游植物为食的浮游动物也很密集，因此蝠鲼也时常光顾这些潜水员熟知的"食物站"。"食物站"里的蝠鲼有个明显的特点，它们旋转着，张大嘴巴以尽可能多地吸入饱含浮游生物的海水，其舞姿优美，令人窒息。

要想见到蝠鲼，潜水员还可以找到它们的"梳洗场所"。原来，这些软骨鱼经常来找它们的小型远亲鱼，如隆头鱼或蝴蝶鱼，这些小鱼以蝠鲼鳃上的寄生虫为食。因此，隆头鱼或蝴蝶鱼所在的地方被称作"清洁站"，蝠鲼常来光顾，以改善健康状况。这时，蝠鲼会游得很慢或保持静止状态，以方便清洁鱼工作。清洁鱼则左冲右撞，拼命啄食寄生虫。有时候在"清洁站"能看到好几条，甚至十几条蝠鲼排队等待清洁，就像周末早上在洗车点排队等待高压水枪冲洗的汽车长龙。

图 3.21.1　从下方仰视蝠鲼

　　生活中不光要吃喝，要清洁，当然还要有爱情！所以，有些地点被视为蝠鲼的交尾场所也不足为奇。蝠鲼是雌雄异体的物种（有雌雄之分），它也与所有软骨动物如鲨鱼一样，是体内受精的，因此很容易分辨雌雄。雌性蝠鲼细小的尾巴前端有一个泄殖腔，雄性则在同一位置拥有不止一个，而是 2 个鳍脚（生殖器官）！雌性一般一次只怀一个小宝宝，孕期却要一年！所以在出生的时候，小蝠鲼体幅已达 1.5 米，展开就像一张羊皮纸……但是，为了躲避天敌无沟双髻鲨（*Sphyrna mokarran*），它能游得像妈妈一样快。无沟双髻鲨是它们主要也几乎是唯一的天敌。

波利尼西亚人非常了解蝠鲼，称它们为"fāfā-ruā"，这一称呼来自蝠鲼眼睛旁边两个像茎（"fāfā"）一样的头鳍（ruā），体现了蝠鲼特别的口腔解剖结构。蝠鲼的身体尺寸令人印象深刻（巨蝠鲼体长可达6米），因而被波利尼西亚人看作"游走"的马拉埃（宗教圣所），是对海洋之神塔阿若（Ta'aroa）的致敬。可见，蝠鲼不仅是一种美丽迷人的动物，还是庄严神圣的象征……

图3.21.2　靠近沙底的一群蝠鲼

（埃里克·克卢瓦）

深入海豚

朗伊罗阿在土阿莫土语里意为"辽阔的天空"。该环礁位于土阿莫土群岛西北部，是热带太平洋腹地真正意义上的生命绿洲。朗伊罗阿环礁的两大潮汐通道中有着数量惊人的海洋动物，得益于此，这里是世界有名的潜水胜地之一。

环礁北侧的蒂普塔岛是水下观察瓶鼻海豚（*Tursiops truncatus*）的最佳地点。蒂普塔的海豚属于一个由 30 多只海豚组成的小种群，其中一些 20 多年来只在 2 平方千米的范围内活动。此处潮汐通道汹涌绵长的浪潮或说潮汐波成为这些哺乳动物所钟爱的游乐场，它们日日光顾此地，乐此不疲。

图 3.22.1　雌性瓶鼻海豚带着它 2017 年出生的幼崽

水下观察大海豚，能够更充分地发现这些鲸目动物丰富的行为方式，我们经常能看到海豚逗弄海绵动物、鲀鱼甚至潜水员吐出的气泡。年轻雌海豚会充当"保育员"，有时甚至不惜"劫持"其他海豚的幼崽！还有更罕见的现象：2014 年，一只年幼的瓜头鲸（*Peponocephala electra*）* 被一只哺乳期的雌性瓶鼻海豚收养，而瓶鼻海豚当时还在照顾自己的幼崽。瓜头鲸受到与"姐姐"瓶鼻海豚一样的精心照顾，一直活到断乳。

20 多年来，蒂普塔的海豚已经成为朗伊罗阿环礁的经济支柱。在 2013 年进行的一项调查中，62% 的受访者声称，他们来朗伊罗阿是为了"在自然环境中观察海豚，与海豚互动"。虽然我们已经非常了解这种互动对人类的意义和好处，但这对海豚的影响尚待研究和评估。事实上，面对要求越来越高的观察者，海豚如果表现出侵犯行为或挑衅行为，它们可能会受伤，甚至会遭杀害。另外，潜水员潜水时沉浸在与海豚邂逅的狂喜中，以至常常忘记基本的安全规则。瓶鼻海豚爱社交的性情和它"微笑"的样子也促使潜水员靠近它们，并不断创造着"友好海豚"的神话，但这些都掩盖了作为野生动物的海豚其行为的复杂性和不可预见性。那么，人类是否应该忽略短期、中期和长期影响，任由海豚和人类之间的互动行为继续发展？这种关系是否符合伦理，是否可以永久化？这些问题都值得深思。

朗伊罗阿环礁的情况非常有利于对海豚生态和行为进行全方位的分析。法国岛屿研究与环境观测中心正在开展相关研究，其创新之处在于：长期的水下观察结合了海豚行为及其遗传信息的细致和个体化评估。该研究还依托一个大型优质数据库，数据库涵盖了数代海豚的信息，是前期漫长准备工作的成果，能获得对海豚个体的充分了解，有助于准确识别个体。该研究将形成一个涉及被保护动物的数量、生态和行为 3 项监测内容的工具，能使我们更好地理解动物保护的机制，并明确人类与野生动物的当代关系。

（帕梅拉·卡尔宗　法比耶纳·德尔富尔　埃里克·克卢瓦）

---

* 属于海豚科。——译者

图 3.22.2　瓶鼻海豚组成分分合合的群体，其中既有短暂的关系，也有长久的联盟

©Pamela Carzon

鲨鱼：并不孤独的猎手

鲨鱼经常被看作孤独而神秘的动物，实际上，它们也会群居。这时候就比较容易开展观察和研究了。它们集合成群有时是出于觅食需要，有时则是自然而然地集聚。就观察到的鲨鱼群而言，这一般是一种被动、偶然的过程，是觅食或求偶过程中相互吸引的结果，但是这种集群也可能意味着更复杂的社会组织。

要了解不同鲨鱼之间的互动，其秘诀在于识别每个鲨鱼个体。如果近距离观察这些标志性的大型捕食动物，就能在它们的体表发现一些特别的标记，类似色素沉着或疤痕，且每个个体均不一样。通过拍照进行具体分析，科学家就可以识别鲨鱼群体中的不同个体了。这种技术被称作图像识别技术，能够证明鲨鱼也会过群居生活，即使它们的群体结构没有其他哺乳动物那样复杂。莫雷阿岛的乌翅真鲨就是一个例子，它们能与同类结成群体，建立社会关系，共享同一活动空间。鲨鱼个体行为方式各不相同，有的喜欢社交，并更愿意寻找爱社交或集群的同伴。大多数情况下，鲨鱼似乎会寻找性别相同或体形、行为相近的同伴。即使在喜欢独来独往的鲨鱼种类中，也存在一些群体规则，尤其是当它们竞争有限的资源时，会形成一定的等级。为了更详尽地研究短吻柠檬鲨（*Negaprion brevirostris*）的行为特征，我们在莫雷阿岛珊瑚礁外坡上部署了一些摄像设备，以积累更多有关鲨鱼生活和行为的详细信息。虽然鲨鱼间的等级关系主要取决于它们的体形大小，即体形越大越可能处于支配地位，但同时我们发现，鲨鱼似乎能够解读同伴的态度，并据此调整自己的行为，这就使得顺从的鲨鱼个体可能联合起来反抗支配者。

　　鲨鱼的群居生活不但吸引了科学家，还吸引了生物学家兼摄影师巴列斯塔（Laurent Ballesta）。为了揭开法卡拉瓦环礁南部潮汐通道珊瑚礁鲨鱼群的秘密，巴列斯塔团队与法国岛屿研究与环境观测中心的科学家展开合作，进行了两次大规模探索，并发现700多条鲨鱼选择定居此地。它们在白天寻找便于轻松游动并呼吸的水流，到了夜晚则集体出动捕猎。虽然天性喜独，但是鲨鱼似乎也能在共同利益驱动下暂时联合起来，集体猎食，以增加成功的概率。钝吻真鲨（*Carcharhinus amblyrhynchos*）甚至会联合灰三齿鲨（*Triaenodon obesus*）以提高捕猎效率，因为后者能在珊瑚块上翻找并通过赶走一条鱼来获取更多数量的猎物。不同种类鲨鱼间的这一联合行动当然对钝吻真鲨有利，但是对灰三齿鲨就没有好处可言了，因为自己的战利品往往会被强大的钝吻真鲨掠走。

图 3.23.1　虽然短吻柠檬鲨大多数时候独处，但在遇到同类时也会遵守一定的社交准则

这些向来被认为原始、孤独的捕食者有着超出我们想象的复杂行为，它们的集群行为还能向我们揭露更多秘密。

图 3.23.2　钝吻真鲨经常在上升流处集结成群，它们利用上升流休养喘息，正如秃鹫利用滑翔休息一样；夜晚，它们可以集体到珊瑚礁上捕猎

（约翰·穆里耶）

南太平洋的利齿

　　好莱坞大片都将鲨鱼拍成嗜血的食人兽，这极大地左右了公众的认知。事实上，鲨鱼生性胆怯，人类对其了解并不多。鲨鱼咬人的罕见事件都是出于偶然，主要是鲨鱼对猎物做出了错误判断。所以，鲨鱼并非无端冒出海底的魔鬼，相反，它们在生态系统中占有非常重要的地位，是位于食物链顶端的软骨鱼类，对猎物持续构成捕食压力，因此能够防止猎物过度繁殖或扩散。

　　非法捕捞或远洋渔业的兼捕已经毁灭了全世界的多种鲨鱼。局部地区的人为压力（如海滨地区污染或城市化）强化了施加给鲨鱼的众多威胁。世界自然保护联盟认为，全世界 60% 以上的人类生活在距离海滨不足 150 千米的地带，对近岸鲨鱼的生存造成很大压力。所以，保护鲨鱼的关键在于保障近岸鲨鱼的生存。

　　要保护鲨鱼，就要弄清楚它们的生活方式，包括：鲨鱼如何猎食？不同年龄的鲨鱼生活在何处？它们如何繁殖？获取食物对各个年龄段的鲨鱼来说都至关重要，这决定了成年鲨鱼的繁殖能力，也决定了幼年鲨鱼能否成长为成年个体。鲨鱼虽然令人着迷，但是，受其迁徙行为的影响，研究某些种类的鲨鱼（如鼬鲨、无沟双髻鲨、鲸鲨、灰鲭鲨）是件很困难的事情，并且由于迁徙距离远达数千千米，所以采集这类鲨鱼样本需要能够长期在大海中航行。幸运的是，也有一些鲨鱼定居生活，此类鲨鱼也就成为理想的研究对象，它们包括乌翅真鲨和尖齿柠檬鲨（*Negaprion acutidens*）。这两种鲨鱼在莫雷阿岛周边潟湖内外生活，在有利于幼鲨生存的沿岸地区分娩。所以它们只会在交配或分娩等极少数阶段在不同岛屿间迁徙，其他大部分时候都定居生活，这一特点使得科学家可以研究并长期追踪鲨鱼个体的命运。

图 3.24.1　研究人员提取鲨鱼血液进行生理实验为其建立身份信息库

©Rachel Moore

研究鲨鱼的方法很多。常见的方法是长期统计同一种群内的个体数量，以检测成年鲨鱼和幼年鲨鱼数量上的急剧变化，证明种群是否受威胁。为此，要用流刺网捕获小鲨鱼，用无倒刺鱼钩捕获成年鲨鱼。捕获之后，要建立准确的鲨鱼身份信息：记录鲨鱼的体长和重量以评估其健康状况，还要在背鳍上提取一块皮肤，通过 DNA 分析，来建立莫雷阿岛鲨鱼种群多年的系谱图。鲨鱼背部的皮肤下还要植入电子芯片，这样就能知道某个鲨鱼是否被捕捞，同时也能追踪其健康状况。最后，还会对某些幼鲨进行非致命的短期生理实验。为此，鲨鱼会被运到法国岛屿研究与环境观测中心，安置在大水族箱里，暴露在不同温度下，或被投喂不同量的食物，工作人员由此了解环境如何影响它们的生存能力。

对莫雷阿岛鲨鱼种群皮肤片段的遗传学分析证实，一些雌鲨鱼年复一年地回到同一地点分娩。对幼鲨的研究则发现，幼鲨的成活率取决于其学习捕猎的能力。因为这些礁鲨出生时，只有从母体获得的有限的能量储备，这些能量以脂肪形式存在，仅够使用 3 个星期，大约 3 个星期后，能量储备告急，幼鲨就要学习自行捕食了。此外，幼鲨能否成活还受到环境剧烈变化的影响。如果水温超过 31℃，就会扰乱幼鲨的生理功能（鲨鱼整体压力水平增加，从而限制它们用鳃获取水中氧的能力），危及鲨鱼生命，并最终影响其发育和成活。

即使我们已经做出很大努力，但现有的知识仍不足以有效保护这种大型捕食动物，而它们对珊瑚礁生态系统的正常运行至关重要。面对人为造成的巨大压力，鲨鱼种群已经危在旦夕，因此要尽快采取行动，不断推进研究工作，以确保鲨鱼种群得以永续长存。

（金·厄斯塔什　扬·布尤科　奥尔内拉·魏德里　乔迪·鲁默）

图 3.24.2　研究人员抓捕乌翅真鲨，以采集其皮肤样本，提取其 DNA

喂还是不喂，这是一个问题

　　近几十年来，出于生态旅游目的人工喂食（feeding）野生动物，尤其是喂食鲨鱼的现象饱受争议。但是，针对这一现象的科学研究直到很晚才开始。法波的相关研究处于领先地位，原因在于莫雷阿岛在 20 世纪 80 年代最先出现了人工喂食。当时该地区在经历了好几场飓风和几次棘冠海星大暴发后，正逐渐走出珊瑚礁的至暗时刻。由于海下光景一片惨淡，对于潜水员没有任何吸引力，因此，一些潜水行业的专业人士开始将鱼头诱饵藏在块状珊瑚下，吸引钝吻真鲨和柠檬鲨，供潜水员观看。

图 3.25.1　投放食物是唯一可以观察到鼬鲨的方式且成功率很高

每天将一群动物吸引到固定的地点进行喂食并不是小事，理所当然，科学家开始思考此种行为对动物生存和生态方面的潜在有害影响。法国岛屿研究与环境观测中心正是从 2005 年开始，对莫雷阿岛奥普诺胡礁外坡的柠檬鲨种群展开研究，研究人工喂食对这些鲨鱼的影响。4 年间，经过近 1 000 次潜水观察，工作人员拍照识别了 30 多条不同鲨鱼个体，并发现了喂食对不同鲨鱼产生的不同效应，有些鲨鱼可称为"长期食客"，有些是"短期食客"，有些则完全是偶然的"过路食客"。除了个体不同而产生的喂食效应差异之外，该研究还发现雄性鲨鱼的出现具有季节性特点，可见繁殖本能远超

©Michel Bègue

图 3.25.2　与我们通常的想法相反，只有少数几条鲨鱼（1/10）习惯了人工喂食并会主动寻找喂食的人

过食物本身的吸引力。2013年另一项针对同一群柠檬鲨开展的遗传学研究显示，喂食似乎并没有增加鲨鱼群之间的亲缘关系。最后，在2013—2016年，通过研究鲨鱼面对食物时相互间的互动，工作人员才发现鲨鱼比我们原本想象的更具社会性。当然，这次也是通过投喂食物进行观察研究，因为这是接近行动莫测的鲨鱼的唯一方式。

2012—2017年，还有一项针对经常光顾塔希提白谷的50多条鼬鲨种群开展的喂食影响研究。研究证实，不同个体具有显著的喂食影响差异。事实上，在观察到的1 200次产生喂食影响的情形中，10%和20%的鲨鱼分别代表了1 200次中的50%和75%的喂食影响，这意味着80%的鲨鱼实际上对人工喂食无动于衷。

这些研究似乎证明，我们完全可以顺从社会舆论"反对"喂食，因为这毕竟是对野生动物的干扰，但是仅此而已，目前尚未找到任何科学证据能够明确长期喂食鲨鱼有何不妥。

（埃里克·克卢瓦）

4

珊瑚礁面临的威胁

◀

图 4.0　2019 年莫雷阿岛礁外坡珊瑚白化状况

珊瑚白化：
珊瑚虫与虫黄藻之间的别离

　　珊瑚虫这种令人着迷的生物，与生活在其组织内部的虫黄藻共生。这种共生关系已经存在了好几百万年，在恐龙时代，珊瑚虫就已经和虫黄藻"朝夕相伴"了！所以，这对"伴侣"已经共同经历过很多次危机，包括6 500万年前的那次大灭绝。但是今天，很多科学家，包括IPCC的专家都在担心：这对非同寻常的"伴侣"在未来几十年还能否生存下去，因为地球不仅在变暖，且变暖速度飞快，导致它们根本没有时间去适应……

　　问题的性质是什么呢？珊瑚礁区营养物质匮乏，而珊瑚虫之所以能在礁区大量繁殖，全靠自身组织中的数百万个虫黄藻，珊瑚虫所需能量的95%都是由虫黄藻供给的。事实上，虫黄藻是一种植物，可以进行光合作用，因而能给珊瑚提供生长繁殖以及面对环境威胁时生存所需的糖和碳水化合物。然而，有一种压力强烈地影响了这对共生生物，那就是海水温度异常升高。当海水温度比正常情况高且这种状况持续数个星期时，虫黄藻就会释放一些干扰珊瑚虫机能的分子。结果是：虫黄藻被排出珊瑚虫组织，珊瑚虫组织也会越来越苍白，直至成为半透明色，因为虫黄藻不仅给珊瑚虫提供营养，还能赋予珊瑚色彩。所以，当水温过高时，礁区成片的白色就是珊瑚虫"求救"的信号，它明确地告诉我们：珊瑚虫生病了。如果仔细观察，还能看到珊瑚虫水螅体，但是它们变成了透明的，并显露出了珊瑚的钙质骨骼，白色其实就是珊瑚虫骨骼的颜色。白色珊瑚虫是因缺少能量摄入而生病的珊瑚虫。它当然还有能量储备，尚能存活数日甚至数星期，但是高温如果持续时间太长且强度过大，长远来

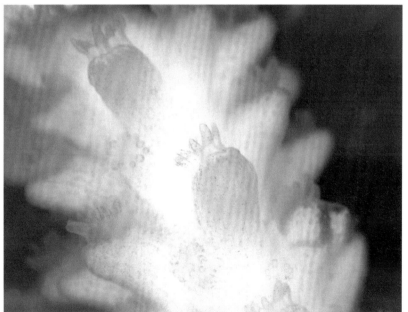

©Laetitia Hédouin

图 4.1.1　上图为健康的栗色珊瑚枝，水螅体中包含数百万个虫黄藻；下图为白化（应激状态下）的珊瑚，能看到半透明的水螅体，组织内没有多少虫黄藻了，白色部分是透过组织显露出的珊瑚虫骨骼，组织内少量栗色的点就是残存的虫黄藻

看，它还是有饥饿致死的危险。相反，如果水温恢复正常，应激未对珊瑚的生物功能造成不可挽回的损失，它还是能够复原的。周围环境中的虫黄藻也会重新进入珊瑚虫组织，且（或）组织内残余的虫黄藻继续繁殖，都能使珊瑚恢复原来的色彩。

图 4.1.2　2019 年 5 月观察到莫雷阿岛珊瑚礁外坡超过 70% 的珊瑚白化，随后几个月有 50% 的珊瑚死亡

　　20 世纪 80 年代人们开始了解珊瑚白化事件。此后，有 3 次白化事件令人印象深刻。一次发生在 1998 年，那次白化事件异乎寻常，几乎波及世界上所有珊瑚礁，全世界 16% 的珊瑚几个月内彻底死亡，其中一些是存在上百年的

珊瑚。2010 年，白化事件第二次肆虐全球。最近一次是在 2014—2016 年，全球再次发生大规模珊瑚白化事件，甚至波及从未受害过的地区。一些地区受损严重，例如法波土阿莫土群岛有超过 50%—70% 的珊瑚死亡。最近这次白化事件还触及珊瑚礁中的瑰宝——澳大利亚大堡礁，格外引起科学家和公众的普遍关注。作为标志性珊瑚礁景观，一些人曾经认为大堡礁是牢不可破的，可在这次白化事件中，它受损严重，某些地区损失甚至超过 50%，而这次白化事件的后果还远不止于此：劫后余生的珊瑚虫出现应激，几乎没剩多少能量再进行繁殖，所以新排出的珊瑚虫幼虫数量过少，根本不足以固着和填补受害的礁区。

最糟糕的是，对前景的预测也不容乐观，因为以后白化事件可能会年年发生，强度更大，这使珊瑚的未来更加黯淡……

（利蒂希娅·埃杜安）

珊瑚杀手棘冠海星

棘冠海星的幼虫在经历几星期的海上浮游生活后，会定居在布满珊瑚砾石的海底，然后变态发育，蜕变成一只幼海星。幼海星主要以钙化藻为食，经过 6 个月到两年的生长期，会进行第二次变态发育，这次就变成一个专吃珊瑚的可怕捕食者。海星的寿命一般为 5 年，在生命最后，其直径可以达到 50—70 厘米。成年雌海星每年能产 6 000 万个卵。如果碰巧某一年各方面条件适宜（雌雄配子同步排出、洋流、海水温度、生命各阶段食物充足性、捕食者数量等），海星会迅速大量繁殖，其所在的珊瑚礁可能面临灭顶之灾……

从 20 世纪 60 年代末开始，法波出现过 5 次海星大量繁殖的事件，分别是：20 世纪 60 年代末、1978—1985 年及 2004—2013 年发生在社会群岛，2000 年左右在南方群岛，2010 年末于土阿莫土群岛。法国岛屿研究与环境观测中心的国家观测站（SNO）对最近这次海星大量繁殖事件进行了特别详细的记录。这群饿鬼先是在珊瑚礁外坡坡底较深的区域，啃噬了那里的珊瑚，然后逐渐到达珊瑚礁高处，并蔓延到潟湖，寻找新的猎物。随着时间推移，科学监测指标飙升：在危机最严重的时候，每平方千米的海星数量达到 1 300 只，而活珊瑚覆盖率直线下降，从 2004 年的 50%—60% 下降至 2010 年几乎为 0。珊瑚礁景观逐渐失去其艳丽的色彩和立体的结构，各类珊瑚因海星食性偏好而渐次消失。随后海藻迅速占据了瘦削的珊瑚骨骼，珊瑚礁呈现出一派病态、晦暗、了无生机的景象。最后，珊瑚礁维护生物多样性（生境、食物链……）的生态功能严重失调。在没有其他重大干扰的情况下，也需要近 10 年时间，珊瑚礁才能恢复到未遭入侵前的覆盖率。

图 4.2.1　土阿莫土群岛一处环礁礁外坡聚集着棘冠海星

©Gilles Siu

图 4.2.2 塔希提一处珊瑚礁上，棘冠海星正在啃食一株杯形珊瑚

　　鉴于棘冠海星对整个印度洋－太平洋珊瑚礁状况的重大影响，目前科学家正在开展多项相关研究，以了解棘冠海星的生物学特征。虽然付出诸多努力，但是还有很多根本性的问题没有得到解决，因此限制了管理措施的实施。研究人员对一些钙质骨骼砾石的年代进行测定，结果显示，棘冠海星自然出现在珊瑚礁上至少已经有数千年了，但目前还无法具体追溯海星大量繁殖的历史和强度。所以，尚不明确近期人类活动对环境的影响是否与海星大量繁殖有关。最后，虽然大规模采集或捕杀海星能够在小范围内减少珊瑚礁的损失，

170

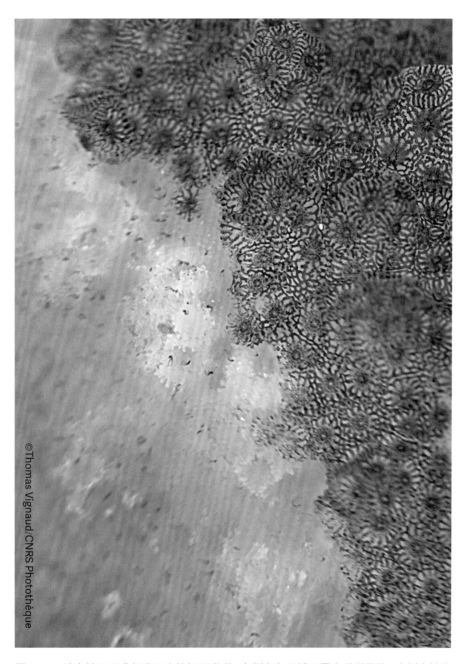

图 4.2.3 法卡拉瓦环礁部分死亡的杯形珊瑚：左侧白色区域已露出珊瑚骨骼，右侧为健康珊瑚，珊瑚组织包裹着骨骼

例如保护一小块潜点，但是这对保护整个珊瑚礁作用不大，这种做法的科学证据也不充分。正如森林火灾也会有积极效果一样，海星大量繁殖也可能有利于珊瑚礁长远保持生物多样性，当然这种猜测还有待证实。

总而言之，棘冠海星大量繁殖及其引发的生态后果直到目前还是珊瑚礁生态学上的一大谜题之一。

（扬尼克·尚瑟雷勒　迈赫迪·阿杰鲁　西尔维·若弗鲁瓦

穆赫辛·卡亚勒　蒂耶里·利松·德洛马）

小丑鱼、海葵和虫黄藻：脆弱的探戈"三人组"

全球气候变暖正反复且严重影响着珊瑚礁生态系统。近年来大规模珊瑚白化事件也愈演愈烈。确实，仅仅 5 年时间（2016—2020 年），大堡礁就发生了 3 次白化事件，法波也发生了 3 次。珊瑚白化的频率和持续时间都因气候变暖而有所增加，而伴随产生的热浪延长了珊瑚礁恢复的时间。然而，珊瑚还并不是唯一会白化的生物。

珊瑚虫和虫黄藻的共生关系闻名遐迩，但其实海葵也与大多数刺胞动物一样，与虫黄藻这种共生藻的腰鞭毛虫共生。因此海葵在非正常高温情况下也会白化，甚至其白化过程也与珊瑚白化很相似：虫黄藻从海葵组织中被释放出来，海葵失去原来的鲜艳色彩，变为惨淡的白色。白化之后一般就是死亡，但有时候，如果水温恢复正常，白化的海葵可以像珊瑚那样，重新接纳虫黄藻，恢复原来的颜色，并从暂时的"病痛"中康复。虽然白化事件发生时，公众的注意力普遍集中在珊瑚上，但事实上，白化现象的影响早已远远超出珊瑚和海葵的范围，波及多种共生生物，如螃蟹、虾、鱼等。

海葵与小丑鱼也有着密不可分的共生关系，这一点尽人皆知。一条小丑鱼长期生活在一簇海葵中，海葵给它提供庇护、食物和繁殖的场所。作为回报，小丑鱼亦可为宿主海葵提供食物，并帮助其对抗捕食者。

不幸的是，由于白化事件极大地影响着珊瑚礁生境，所以小丑鱼的未来危机四伏。海葵白化会对橙鳍双锯鱼（*Amphiprion chrysopterus*）的健康和生存造成连锁负面影响，而它是法波仅有的小丑鱼种类。

173

图 4.3.1　一条橙鳍双锯鱼蜷缩在白化的紫点海葵（*Heteractis crispa*）中

　　在对莫雷阿岛自然环境进行研究的过程中，我们发现，当海葵持续白化时，小丑鱼幼鱼的新陈代谢和生长发育就会变缓，甚至其行为特征也会发生变化，活力会减弱。此外，海葵白化导致成年小丑鱼应激激素水平增加，生殖激素水平降低，这进一步造成小丑鱼产卵频率和生育率降低。这些发现揭示了气候变暖给鱼类带来的直接或间接的影响，也能帮助我们更好地理解鱼类数量变化与珊瑚白化现象之间的联系。我们还发现，海水温度异常，导致礁区水

图 4.3.2　即使在水深 60 米的中光层，此处的珊瑚礁依旧未能幸免于气候异常的影响，我们仍能观察到海葵白化现象，与其共生的橙鳍双锯鱼也受到白化影响

图 4.3.3　测量白化海葵中橙鳍双锯鱼幼鱼呼吸代谢率的测量仪

深 60 米处的海葵也发生了白化，而此前我们一直以为这个深度不像浅海处那样容易受到自然或人类干扰的影响，不太会出现白化现象。

由此可见，珊瑚礁是一个真正共生共荣的所在，各种共生关系比我们认为的更多且更复杂。我们甚至可以将此看作是一场集体舞，在跳舞过程中，一个舞伴失衡难免引发整体舞步错乱。据估计，莫雷阿岛有 12% 的鱼类直接依赖海葵或珊瑚生活，因此必然直接承受白化事件的后果。海葵、虫黄藻和小丑鱼形成的探戈"三人组"，其关系相当脆弱，而预计不久的未来还将反复出现白化事件，我们完全无法确定小丑鱼是否能够适应这些变化。

（里卡多·贝尔达德　达夫妮·科特斯　苏珊娜·C.米尔斯）

海洋酸化会影响珊瑚骨骼吗

19 世纪工业革命以来，二氧化碳的排放量不断增加。人类活动（工业、汽车/交通等）消耗化石燃料（石油、煤），向大气中排放了大量二氧化碳。砍伐森林又限制了植物使用和储存二氧化碳的能力。二氧化碳会产生温室效应，所以大气中二氧化碳量的不断增加就引发了陆地和海水温度的升高，这就是我们常说的气候变暖。现在的温度已经比工业化时代之前增加了 1℃。大气中二氧化碳增加的另一个后果是海洋酸化，那么，海洋酸化又是什么呢？原来，海洋能够吸收大气中的一部分二氧化碳，因此，大气中的二氧化碳浓度越高，溶解在海水中的二氧化碳量也就越大，这会直接影响海水的化学性质。海洋中发生的一些化学反应也会受到干扰，产生很多后果，包括：海水中释放了更多氢离子（H^+）从而降低了海水的 pH（海水酸性更强）；碳酸根离子（CO_3^{2-}）则变得更少，而后者是海洋生物钙化的主要组成元素，也就是说，它是构成钙质结构如珊瑚骨骼、软体动物外壳的主要成分。

海水 pH 已经降低了 0.1。根据 IPCC 提出的场景，如果目前二氧化碳排放率维持不变或者增加的话，那么从现在起到本世纪末，海水 pH 会降低 0.3。这种变化看似微不足道，不易被人类觉察，但是对整个海洋来讲，这是一场巨变，海水的化学性质将更加不利于海洋生物钙化，而已有的钙化结构也可能发生改变，甚至被溶解。

石珊瑚就属于钙质结构生物，很容易受海洋酸化的影响。为了构建外骨骼，珊瑚虫要吸收环境中的化学元素，并利用自身的特化细胞合成骨骼生长发育所需的分子；钙化过程要消耗这些生物的能量。有研究显示，为了促进钙化过程，一些珊瑚能够调控生物矿化地点的 pH 和化学性质。生物矿化地点亦即珊瑚骨骼形成的地点。但是，在海洋酸化背景下，这些生物很难维持构建骨骼所需的有利条件，而在不利条件下，骨骼的生产和扩建需要消耗珊瑚更多能量。

珊瑚群体局部俯视图　　珊瑚杯特写（一个水螅体形成的骨骼）　　骨骼表面特写

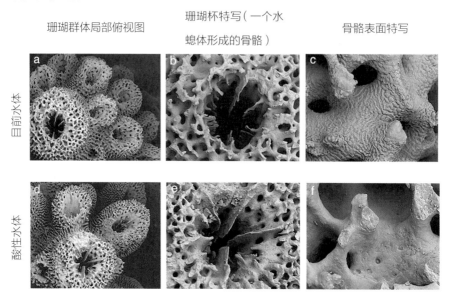

图 4.4.1　电子扫描显微镜可以观察到水体 pH 变化对一种分枝状珊瑚的影响：图 a、b、c 显示了目前水体条件下形成的珊瑚骨骼；图 d、e、f 显示了 pH 呈酸性的水体中形成的珊瑚骨骼；放大率分别为：30 倍（a 和 d）、100 倍（b 和 e）、500 倍（c 和 f）

　　海洋酸化对珊瑚钙化过程的影响研究一般在水箱中进行，通过改变水的 pH 和化学性质进行实验分析。法国岛屿研究与环境观测中心开展的相关实验显示，低于目前海水 pH 的水体环境会明显改变一种分枝状珊瑚骨骼的形成。电子扫描显微镜（能够高倍放大物体）的观察结果也显示，暴露在酸性条件下的珊瑚骨骼会发生变化，尤其是在骨骼表面。在目前水体条件下，珊瑚骨骼表面呈现出波浪形起伏，而在酸性环境下，骨骼表面是平滑的，这意味着珊瑚骨骼形成机制受到干扰。其他一些研究还显示，酸性条件会降低珊瑚的钙化率，这会导致珊瑚骨骼变得更加脆弱。

　　一些造礁石珊瑚通过生产和积聚碳酸钙而形成珊瑚礁。珊瑚礁生态系统承载着近 30% 的海洋生物多样性，其中包括多种鱼类、软体动物、棘皮动物、藻类，是众多海洋物种生活、繁殖、摄食和栖息之所。它还能为人类提供生态系统服务，也就是提供对人类有用甚至是至关重要的服务：首先，珊瑚礁是当地人捕鱼的场所；其次，珊瑚礁美丽迷人，是重要的旅游观光点（具有经济价值）；最后，它们能减缓波涛和海啸的破坏力，是对沿海地区的保护。然而，礁体脆弱化甚至完全消失则会严重影响它所提供的服务：珊瑚礁鱼类会越来越少，珊瑚礁对沿岸的保护力度也会越来越弱。

那么，有什么办法能够缓解海洋酸化吗？实际上，海洋酸化正在不断发展中，且通常伴随着诸多其他环境问题，例如气候变暖、海平面升高、环境污染等。今天二氧化碳排放产生的后果将会在未来几年逐步显现。

（克洛艾·布拉米）

事关海兔存亡，但不止于此

　　在所有与气候变化相关的环境威胁中，海洋酸化和水温升高对海洋生态系统的潜在风险最大。海洋酸化减缓了具有钙质骨骼或硬壳的海洋生物，如珊瑚、甲壳类动物和软体动物的生长。一些初级生产者（如大型藻类和蓝细菌）的生物量则会随着海洋酸化而增加。要知道，初级生产者在珊瑚礁生态系统中具有非常重要的作用，但是长期以来一直被低估。珊瑚死亡后，蓝细菌一马当先，占领珊瑚骨骼，这就降低了珊瑚虫继续存活和新珊瑚虫固着的概率，甚至引起生态系统相位的变化（即由珊瑚主导的生态系统转向由藻类主导的生态系统）。另外，蓝细菌还会产生大量毒素，以保护自身免受猎食者侵害。

图 4.5.1　莫雷阿岛的潟湖沙底生长着蓝细菌

　　莫雷阿岛潟湖的沙底上有两种蓝细菌繁茂生长，一种是巨大鞘丝藻（*Lyngbya majuscula*），一种是扭曲鱼腥藻。它们的天敌却只有一种腹足纲软体动物——条纹柱唇海兔。因此，海兔的存在是限制和控制蓝藻过度繁盛的核心因素。然而，面对环境变化，所有生物都承受着巨大生存压力，我们有理由怀疑每个物种能否存活下去，海兔当然也不例外。成年海兔虽然不具有钙质硬壳，但是令人意想不到的是，幼体海兔是有外壳的，这可能让它们对海洋酸化更加敏感。

　　事实上，海兔确实对气候变暖和海洋酸化相对敏感。首先，在 pH 比较低的水体条件下，海兔成功受精的概率就会明显降低，存活下来的幼体也很难发育为成体海兔，这大大影响了海兔的种群更迭。另外，水体 pH 降低还会改变成年海兔的饮食行为，表现为海兔觅食行为减少。

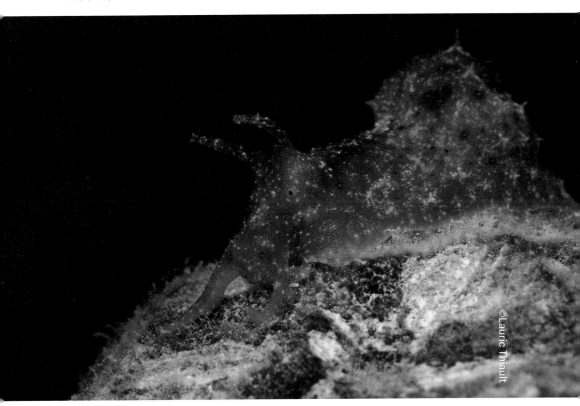

©Lauric Thiault

图 4.5.2　海兔的一种——条纹柱唇海兔

有些生物如果自幼体阶段就暴露在气候变化条件下，它们就能适应并接受变化，但是海兔不是这样。事实上，暴露在 pH 降低和（或）水温升高条件下的海兔幼体发育为成体后，虽然不像一直在正常条件下生长的成体那么容易受影响，但是能够发育为成体的幼体数量大大减少，且这些成体的行动、呼吸以及觅食都受到高温和酸化的影响。

如果海兔的新陈代谢和生理机能受到气候变化影响，对海兔个体间的互动、海兔－猎物互动会产生什么影响呢？这些问题尚在进一步研究中。气候变化如何影响在珊瑚礁共生或互动的若干物种，这种综合研究对海洋生物学家来讲是相对新颖的思路，也对我们了解珊瑚礁如何应对环境变化具有重要意义。鞘丝藻（*Lyngbya*）和柱唇海兔（*Stylocheilus*）的互动是一个极佳研究模型，可以帮助我们判断珊瑚礁的未来：到底是蓝细菌和大型藻类主导的礁体扩张并侵占珊瑚的领地，还是蓝细菌和大型藻类被遏制，留下珊瑚在急剧变化的海洋里繁盛？从这个角度看，海兔这种小小的植食性动物可能就是保护珊瑚礁的关键要素之一。

（苏珊娜·C. 米尔斯　埃里克·阿姆斯特朗　雷尔·霍维茨

路易·博尔南桑　珍妮·皮斯特沃斯　热雷米·维达尔－迪皮奥尔

让－皮埃尔·加图索　伊莎贝尔·博纳尔　贝尔纳·巴奈）

海岸最后一道防线

世界上 2.75 亿的人口生活在距海岸线不足 10 千米或距珊瑚礁不足 30 千米的地方。由于外海珊瑚礁集中连片，所以能为沿岸居民提供相对有效的保护。确实，珊瑚礁就如同浸没在水下的一道防波堤，能破碎波浪，消弭波能，防止海浪淹没近岸社区。最新的研究显示，珊瑚礁消除海浪能量，必须同时具备以下两个地貌因素：一方面，海浪和礁体之间的距离越小，就越能削减波能；另一方面，礁体起伏越多——一般称之为结构复杂性——也越能耗散波能。所以，能阻挡海浪的珊瑚礁应该足够高、足够复杂。

可惜，珊瑚礁对海岸的保护受到人类活动和气候变化的威胁。预计到本世纪末，海平面平均将升高 83 厘米，这会增加表面波浪与海底珊瑚礁之间的距离。如果珊瑚礁生长不足，将无法消除海浪的能量，一旦出现暴风雨，近岸会面临严重的洪涝灾害。气候变化还引发了海水温度升高和海洋酸化，因此，我们正面临着越来越持久的珊瑚白化现象，例如 2016 年的珊瑚白化事件，其持续时间之长、破坏程度之大均是史无前例的。在那段时间里，全世界 70%以上的珊瑚礁均遭受损失，珊瑚礁礁体结构的复杂性也遭到严重破坏。

因此多项研究认为，未来，礁后破浪（post-reef wave，即珊瑚礁后方、面对海岸方向，由海浪剩余能量形成的规模较小的海浪）的高度会越来越大，并可能导致洪水泛滥或海岸空间缩小。例如，根据新近预测数据，在目前条件下，珊瑚礁覆盖率降低叠加海平面上升，到 2100 年，提阿胡普（世界知名的冲浪胜地，位于法波）礁后破浪高度有 50% 的概率会增加 1.5 倍。该预测数据同样提出，将近 50% 的沙滩到本世纪末会消失。

这一持续增长的威胁促使人类在过去 20 年里修建了很多预防海岸侵蚀

的工程设施，如修筑堤坝、堆砌或铺砌防波堤。但随后，人们又针对这些人工设施出台了禁令或严格的限制措施，因为人为改造工程可能损害周边生境或影响附近物种的生存。这样看来，只有健康的珊瑚礁才是保护海岸的最佳机制，因此，对珊瑚礁进行保护显得更加刻不容缓。

图 4.6.1　法波一处岛屿的礁脊削弱了海浪的能量

（杰雷米·卡洛特　梅拉妮·比奥斯克　阿莱西奥·罗韦雷

埃马纽埃尔·多尔米　瓦莱里亚诺·帕拉维奇尼）

鱼和船：珊瑚礁之上的喧嚣

1956 年，库斯托（Jacques Cousteau）* 拍摄了电影《寂静的世界》（*Le Monde du Silence*），这是世界上最早在海下拍摄的电影之一。自此，我们才意识到，水面之下绝不是一个寂静无声的世界！不论是无脊椎动物还是脊椎动物，海洋动物并不仅仅发出声音，它们还能听到声音，并在日常生活中以各种方式利用声音。例如，海洋生物利用声音交流信息，寻找伴侣，保护自己的领地不受侵犯，它们还以声音为信号，提醒同伴或群体成员有捕食者临近。此外，它们会利用周围环境的声音在水中辨别方向：仔鱼就是这样循着珊瑚礁的声音找到合适的栖身之所，避免在茫茫大海中迷失方向的。还有一些捕食者能够阻断猎物发出的声音，并加以利用来定位猎物的位置。所以，现在看到地球上各类水体，无论是淡水还是海水，无论海岸还是海洋都被人为的噪声污染，实在是件令人忧心忡忡的事情。

工业革命以来，人类有意无意制造噪声的活动越来越多。沿海地区城市化发展、油气资源开采、油气平台建设、交通网络和机械化娱乐设施增加，所有这些都成为噪声的源头。人类制造的干扰噪声并不包含有用的信息，却极大地改变了全世界的水体声音景观。令人担忧的是，这些噪声的频率和海洋动物使用的声音频率一致，并以各种不同的方式影响海洋动物。人类噪声会改变海洋动物的听力阈值，对其造成物理和生理损伤；噪声还会掩盖有用的声音线索和声音信号，改变动物个体行为以及种内和种间互动行为。所有这些影响会影响动物个体健康，甚至可能会对种群和群落整体造成不利的后果。

---

　　* 库斯托是一位法国海洋探险家，在 20 世纪 50—70 年代制作和主持了上百部关于海洋的纪录片，在几代人眼中，他是海洋探索者的代名词。——译者

©Frédéric Zuberer

图 4.7.1　附近有游艇经过时，一条橙鳍双锯鱼躲藏进海葵中

为了研究游艇噪声对莫雷阿岛珊瑚礁生物的影响，我们将游艇划过水面产生的噪声录下来，然后用水下扩音器在自然环境中重新播放。在另一个实验中，我们连续一个多月再现游艇日常穿行产生的噪声污染。两种情况下，我们均根据游艇穿行密度、距离水道和轮渡码头的距离，对珊瑚礁生物的反应进行了记录。结果显示：游艇发出的噪声确实改变了鱼类的行为。一些鱼变得更具攻击性，寻找庇护所，且摄食减少；另一些合作性减弱，应激增强（表现为应激激素水平提高）。在游艇噪声干扰强度不同的地区，鱼群反应也有差异，在干扰强度大的地方，生态功能重要的鱼类数量较少。尤其令人吃惊的是，游艇的噪声还影响了幼鱼的发育，并提高了软体动物的死亡率。无论是对鱼类个体、种群之间还是整个群落而言，噪声影响都是消极的，并且非常不幸的是，所有生物均没有表现出任何适应或习惯噪声的迹象。

噪声污染是一种生态祸患，国际机构理所当然应该通过立法将游艇对海洋动物的影响行为加以规范。减弱海底噪声的方法或措施有很多，例如使用噪声更小的发动机，在螺旋桨设计上进行改良，减少游艇穿行某些特殊区域（如海洋保护区），还有限制行驶速度等。理想的状况是回归库斯托所倡导的理念：使海洋远离人类喧嚣，恢复往日的寂静。

（苏珊娜·C.米尔斯　里卡多·贝尔达德

史蒂夫·希姆斯彭　安迪·雷德福）

莫雷阿珊瑚礁：
珊瑚中的"不死鸟"？

　　珊瑚礁生活并非一条宁静的长河……尤其是近 40 年，法波珊瑚礁和世界其他各处珊瑚礁，无一幸免于各类大规模的自然灾害，包括热带气旋、高温导致的珊瑚白化事件、珊瑚天敌过度繁殖（如臭名远扬的棘冠海星）。除此之外，还要加上当地人类活动造成的破坏，包括水污染、过度捕捞，以及径流携带泥沙入海的情况。非常幸运的是，法波人口少（3 430 平方千米的可居住陆地上只有不到 30 万居民），前面所述环境压力一般局限在个别地区，而且也没有世界其他地区那么严重。

　　从 20 世纪 80 年代开始，法国岛屿研究与环境观测中心开始监测珊瑚礁生态系统健康状况，也是同一时间点起，莫雷阿岛珊瑚礁群落经历了 3 次严重的飓风（分别是 1983 年的"维娜"、1991 年的"瓦萨"和 2010 年的"奥利"），8 次白化事件（分别发生在 1983 年、1987 年、1991 年、1994 年、2002 年、2003 年、2007 年和 2019 年）和 2 次棘冠海星入侵（1979—1984 年，2006—2010 年初）。这些事件对珊瑚礁产生了重大影响，尤其是对敏感物种如珊瑚影响更甚，而珊瑚是珊瑚礁的主要建造者，是众多珊瑚礁物种的食物来源和栖身之地，在维护生物多样性方面起着关键作用。

图 4.8.1　莫雷阿岛礁外坡遭受棘冠海星过度繁殖和飓风"奥利"（2010 年）侵袭后与珊瑚大量死亡前（2005 年）和死亡后（2015 年）的情况对比；2015 年，新生的杯形珊瑚重新迅速固着珊瑚礁

2005 年

2010 年

2015 年

因此，从 20 世纪 80 年代开始，莫雷阿岛珊瑚覆盖率（珊瑚覆盖海底的面积，通常作为监测珊瑚礁健康状况的指标）一直忽高忽低，处于极不稳定的状态。始自 1979 年的棘冠海星过度繁殖事件，导致珊瑚覆盖率从开始的 45% 降至 1983 年时的 16%。1991 年的白化事件加飓风灾害几乎带来同等影响，珊瑚覆盖率由 1991 年初的 50% 降至 1993 年时的 20%。尤其令人刻骨铭心的是 2006—2010 年的海星繁殖加飓风灾害，使珊瑚覆盖率从 2006 年的 50% 降至 2010 年时几乎为 0！这是全世界普遍出现的糟糕状况！当然珊瑚腾出的空间也成就了一些幸运者，例如微藻垫就迅速占领了曾属于珊瑚的地盘。非常值得庆幸的是，由于植食性鱼类发挥了珊瑚礁除草机的作用，所以大型藻类没能过度繁殖，否则后果将不堪设想。

另外，危机过后，珊瑚幼虫重新迅速固着珊瑚礁，所以珊瑚覆盖率重新增加，并在几年内达到危机前的水平——约为 50% 的覆盖率。如此快速（不到 10 年）的恢复是很少见的，这也充分体现了莫雷阿岛礁外坡珊瑚种群强大的恢复力。

这一结果虽然令人倍感欣慰，却还是值得细细琢磨。因为重新固着的珊瑚都是一些机会主义种*（杯形珊瑚，也称菜花珊瑚），或是对环境压力具有极强抵抗力的种（滨珊瑚）。其他种类的珊瑚不够强大，要从危机中恢复还很困难。所以随着危机不断出现，珊瑚种群实际上愈加贫乏，这可能会影响共生动物的多样性和丰度，也会限制人类从珊瑚礁获得的益处，影响海洋渔业和海岸带防护。

那么，法波珊瑚礁的未来将会如何呢？这个问题很难回答，因为我们人类应对全球气候变化的行动具有不确定性。但有一件事是确定无疑的，那就是健康的珊瑚礁更容易从下一场不可避免的灾难中恢复过来。就让我们加倍努力，共同保护我们的珊瑚礁吧，至少可以从减少污染、减少珊瑚礁沉积物和避免过度捕捞做起！

（迈赫迪·阿杰鲁　扬尼克·尚瑟雷勒　穆赫辛·卡亚勒　露西·佩宁）

---

* 活力大、能迅速适应新环境并迅速定居的物种。——译者

"嗅觉"敏锐的珊瑚幼虫

为了躲避大型藻类布设的天罗地网，寻找新的珊瑚礁栖息地的珊瑚幼虫有着惊人的探测能力。它们就此开启一场困难重重的冒险之旅，并不一定能笑到最后。

你一定熟悉这样的故事情节，孩子（终于）离开父母去探索大千世界，然后很可能找到一个心仪之所安身立命。珊瑚幼虫，又称"浮浪幼虫"，同样要离开父母独立生活，而且是出生后很快就离开。这时，小小的幼虫就要使出全部能耐，为自己选择一处适宜生活的珊瑚礁，并定居下来。"孵育型"珊瑚幼虫（如鹿角杯形珊瑚幼虫）仅仅出生几小时后就具备了这些能力，"排放型"珊瑚幼虫（如佳丽鹿角珊瑚幼虫）出生几天后也能获得这些能力，但是，这些微小（不到 1 毫米）的幼虫既没眼睛也没耳朵，它们是如何在珊瑚礁这样的"水下大都会"中定位的呢？实际上，这些珊瑚幼虫虽然形态简单，却有着非常复杂的神经系统，能够对多种环境信号做出反应。例如，它们更喜欢红-橙色表面，这证明它们对长波长（大于 550 纳米）的光比较敏感，也显示出它们为方便固着珊瑚藻而进化出的一种适应。更令人称奇的是，珊瑚幼虫能辨别声音！而且正如我们所预料的那样，它们更喜欢健康的礁体发出的声音。尽管如此，珊瑚幼虫定位的终极秘诀却在于，它们能够捕获环境中的化学信息。

化学信号是很多陆生动物和海洋动物互动交流的基础，它们在环境中停留的时间比视觉信号和声音信号停留的时间更长，而且提供的信息更细致、更完整，例如能够传递有关潜在竞争者或捕食者的信息。珊瑚幼虫能够识别健康

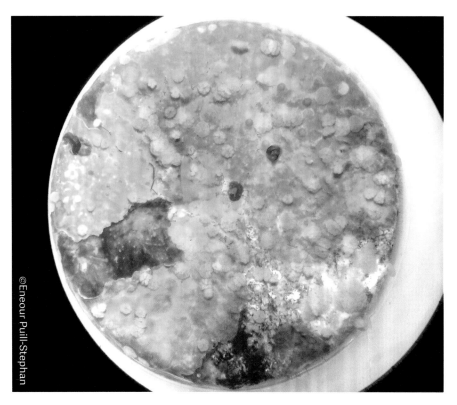

图 4.9.1　自然环境中连续 6 个月在预先处理过的小圆盘上观察珊瑚幼虫的变态发育

状况不佳的珊瑚礁的"气味"，在这种礁体上，珊瑚变得稀疏，而藻类占据了统治地位。珊瑚幼虫还能探测到某些底栖巨藻析出的化学分子，并避免游向这种具有威胁性的水体。威胁性？是的，大型藻类对珊瑚虫极其有害。无论是珊瑚幼虫还是新固着的珊瑚，它们都对这种影响自身存活的海藻非常敏感。大型藻类和珊瑚之间的竞争机制可以是物理的：大型藻类会遮蔽珊瑚，使其无法接收到阳光，大型藻类和珊瑚直接接触时还会产生摩擦作用，影响珊瑚生长或将其覆盖。不过，它们最主要的竞争机制是化学的或微生物的。

图 4.9.2　鹿角杯形珊瑚幼虫正在寻找合适的地点以进行变态发育

　　大型藻类能直接接触珊瑚并传播有害化合物和微生物，它也会将有害物质释放在水体中间接危害珊瑚。越靠近大型藻类的地方，有害化合物的浓度越高，有害微生物也越繁盛。除了在水体中形成有害环境，大型藻类还能改变基底状况，在有大型藻类的地方，微生物聚集体更多，其中包含着这样一些细菌，它们的丰度与新固着的珊瑚虫密度呈负相关。各类大型藻类所含化学成分并不完全相同，所以它们与珊瑚的竞争策略有着千差万别，如喇叭藻和拜氏网地藻（ *Dictyota bartayresiana* ）的竞争策略就迥然不同。策略虽然不同但是同样令人生畏，因为这两种大型藻类是法波岸礁侵略性最强的种类。喇叭藻是一种革质藻类，不会在周边环境析出太多代谢物，但是能利用自身的物理特征抑制珊瑚生长。更复杂的是，这种海藻会析出溶解的有机碳供给细菌，而这些细菌可能使珊瑚致病。与之相反的是，拜氏网地藻就是一个名副其实的化学

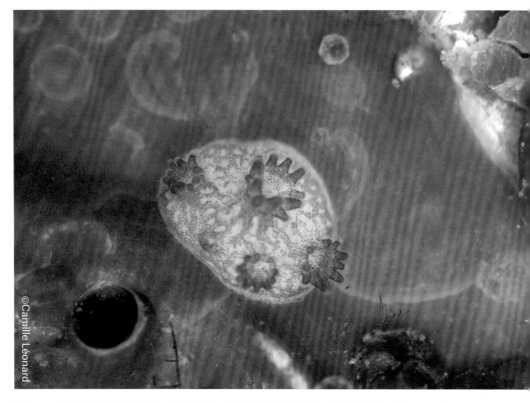

图 4.9.3　固着几星期的鹿角杯形珊瑚：第一个珊瑚水螅体在中央，其他水螅体环绕四周；在珊瑚组织中还能分辨出共生虫黄藻

工厂！它产生的有毒化合物就是最强大的武器库。这些化合物还会导致成年珊瑚部分坏死以至整体死亡。所以从幼虫开始，珊瑚就要远远躲开大型藻类！所幸珊瑚幼虫都是机警的"猎犬"，它们能清楚分辨显露出珊瑚但由大型藻类主导的水域和没有大型藻类的水域。它们还能在更细微的层面上做出判断，当面对健康珊瑚礁附近提取的水体与长有网地藻水域的水体时，珊瑚幼虫会毫不含糊地避开后者。因此它们似乎可以在分子混合物中探测出于己有害的化学分子，而且很可能能探测出其浓度。

图 4.9.4 褐藻占据珊瑚礁，几乎没留给珊瑚幼虫健康的空间进行变态发育

　　要在大型藻类主导的珊瑚礁上找到一个适宜栖息的场所，这对珊瑚幼虫而言是一场真正的考验。如果不能固着或新固着的珊瑚虫越来越难发育成成年珊瑚群体，那么整个珊瑚群落的恢复力就会受到威胁。因此，理解大型藻类影响珊瑚固着的机制和原理至关重要，只有这样才能在两者的竞争中尽量减少悲剧性后果。

（克洛艾·波萨斯－沙克尔　玛吉·尼格）

幼鱼还能长大吗

绝大部分珊瑚礁鱼类的生活史包括两个阶段：珊瑚礁生活和外海水域生活。珊瑚礁生活是幼鱼和成鱼生长发育的阶段，外海水域生活则是成鱼繁殖出的仔鱼扩散并发育的阶段。仔鱼返回珊瑚礁，一般称作仔鱼固着，这一过程伴随着鱼类形态、生理和行为方面的重大变化，是珊瑚礁鱼类的变态发育。事实上，正如毛毛虫化为蝴蝶、蝌蚪变为青蛙，透明的珊瑚礁仔鱼也会在几天甚至几小时内蜕变为五颜六色的幼鱼。当然这种变化并不仅仅局限于鱼的色彩，一般来说，鱼类的方方面面都会发生变化，从鱼鳍的形状到身体的形状，从内部器官的重塑到感觉器官的成熟，甚至包括食性，一切都变了！这些变化都是由我们所熟知的甲状腺激素驱动并调控的。甲状腺激素水平同样对人类的出生很重要（促进人类的发育）。

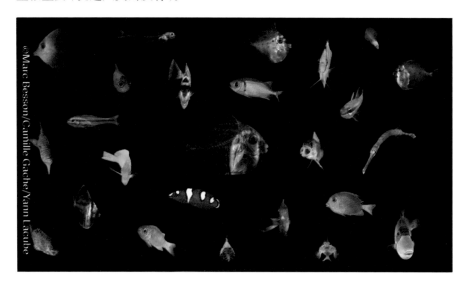

图 4.10.1　正在经历变态发育的幼鱼

变态发育是珊瑚礁鱼类生活史中的一个重要阶段。此外，来自外海的仔鱼还需要在竞争－捕食为主的珊瑚礁找到一个容身之地。然而，人为造成的各种压力，如污染物增多、水温升高、海洋酸化等，都会干扰鱼类变态发育的激素水平，并妨害仔鱼向幼鱼的转变。因此，事实上所有幼鱼的生存都面临着风险，甚至鱼类种群的更新换代以及珊瑚礁总体的生态平衡都面临极大的风险。就植食性鱼类而言，人为造成的压力不但妨害其变态发育过程，同时还会减少其摄食量，也就是减少海藻的消耗。法国岛屿研究与环境观测中心团队证明，人为压力不仅使幼鱼的生理和生存受到影响，还会影响更广泛意义上的生态过程，其中包括为保证珊瑚礁健康状况而控制海藻过度繁殖。

在这一背景下，环境观测中心及其合作者开始研究珊瑚礁鱼类变态发育的多样性、发育过程、发育程度、发育过程中的激素调节机制，以及发育过程对气候变化引发的各种干扰的敏感度。这些研究将使我们进一步了解有助于维持珊瑚礁生物多样性，以及促进活跃强壮的幼鱼发育所需的条件，也能让我们确定威胁最大的污染物和压力是什么。通常，珊瑚礁鱼类的变态发育终结于所谓的"育幼场"，它们一般位于海滨的浅水区，那里聚集着大量初到珊瑚礁的幼鱼。因此，环境观测中心的又一个任务就是尽可能地识别这些区域，控制可能的内生干扰因素，并确定保护区，这样幼鱼才能长成大鱼，从而能更好地维护生态平衡。

（马克·贝松　樊尚·洛代）

循着过往超级飓风的痕迹

法波的飓风比较罕见，但可能极其强劲。在过去的 10 多年，只有一次飓风（2010 年 2 月"奥利"）正面袭击法波。按照萨菲尔－辛普森飓风风力等级（包括 5 个级别），"奥利"为四级飓风，它产生的海浪高达 13 米，能够淹没途经的所有地势较低的岛屿。幸运的是，"奥利"的移动路线远离土阿莫土的环礁，而这些环礁显然正是最容易遭受飓风带来的洪水影响的岛屿。

土阿莫土群岛历史上确曾经历过不少危险的飓风。无论对科学家还是对政府而言，飓风都是让人劳神费心的事情。因为发生频次颇少（有卫星观测以来土阿莫土群岛只有过 7 次飓风袭击），所以人们对其了解也很欠缺。那么，如何确定最易遭受袭击的岛屿？某个具体地点能观测到多高的水位？如何保护人员和财产安全？这些困扰科学家和决策者的问题尚未在飓风研究模型中找到明确答案。所以要更好地了解飓风，就要扩大研究样本，必须追溯到有卫星观测的时代（1970 年）之前。

现有档案资料可以将飓风观测时期扩展大约 100 年。实际上，从 19 世纪中期开始，伴随着殖民活动和传教活动的兴起，对法波各岛出现的各类重大自然现象的记录也越来越多。例如，1878 年（死亡 118 人）和 1903 年（死亡 515 人）两场超级飓风让同时代人遭受重创，相关记述也令人不寒而栗，其中提到高过椰子树的海浪，被飓风掀起并移位的几百立方米大的珊瑚石块，被海浪整体卷走的村庄……为应对这类灾害，法波政府由此建立了第一个名副其实的气象监测网络，但是，这并不能阻止 1906 年（死亡 123 人）另一场大型飓风突袭。要到很久以后，该网络才能用于评估飓风强度（海浪 15—19 米），同时证实了过去居民所描述的悲惨可怕的景象。

图 4.11.1　阿纳环礁礁坪上单个体积达好几百立方米的礁石块

　　如果再往前追溯，就要彻底改变研究方法。因为在 19 世纪上半叶，文字记录可能是混乱、不完整的。从一个传教士的记录中我们得知，1822 年西土阿莫土群岛曾遭遇过一次严重的飓风袭击，飓风甚至将巨大的珊瑚礁石块空投至阿纳环礁。因此，这些礁石块就成为新研究方法的基础，通过这些研究可以发现更久远的飓风的踪迹。今天，科学家主要通过无人机摄影技术重新构建这些礁石块的三维图像，并对珊瑚进行年代测定，以找出过去几千年大面积被淹没地区的痕迹。

图 4.11.2 2013 年，让松（Matthieu Jeanson）和艾蒂安（Samuel Etienne）一同测量阿纳环礁上的一块巨型珊瑚石块

（雷米·卡纳韦西奥）

海陆之间的基础联结

波利尼西亚人坚信，雨水是生命之源，是神的恩赐，是雨水在地球（塔希提语称 Papa）上播撒下希望的种子。淡水（塔希提语称 vai 或 pape）孕育生命，滋养生命，如同经血或象征生殖，被视为女性元素；海水（塔希提语称 tai 或 miti）则代表着禁忌（塔希提语称 tapu）之地，是专属男性的元素。淡水虽是生命之源，现在却处处遭受蹂躏和浪费，可能变得非常危险甚至产生致命危害，它提醒人类，要爱护它，珍视它。

法波 118 座岛屿淡水分布极不均衡，这是地貌特征使然。只有地势高的岛屿才拥有完备的水文地理网（相对稳定的常流河），能够方便地获取丰富的淡水。相反，环礁一般没有河流，除了储存雨水或抽取地下水，就没有其他淡水输入了。这里河流长度有限，加之河床基底为玄武岩，因此表层水矿化程度不高，电导率较低。塔希提东岸平均径流模数大约为 150 升/（秒·千米^2），西岸径流模数还不足东岸的一半。雨季河流涨水期，径流模数可能比平均值高出 100 倍。这当然对河流附近的建筑和居民具有重要影响。此外，急流还会冲刷河床中的沉积物、碎屑和干季积累的其他垃圾。如果雨量够大，会将其冲向河口、潟湖、潮汐通道以至海洋。所以，限制往河流里丢弃大件垃圾、维护河岸和桥梁，均是避免涨水期发生灾难性事件并能够挽救生命的重要举措。

河流还对岛屿的形貌特征具有重要影响。河流在漫长的岁月中不断冲蚀着古老火山的岸礁，在地质演化进程中塑造出潮汐通道，极大地便利了今日岛民的生活及潟湖和海洋间的沟通。仔细观察一下吧！在每条大河的对面，都

图 4.12.1 莫雷阿岛俯瞰图：一边为山脉和海滨组成的陆地，另一边为与潟湖、礁脊和礁外坡相邻的海洋

有一条潮汐通道（塔希提语 ava）。这条通道就是河水不断流淌形成的，它阻断礁体扩张，逐渐冲蚀着岸礁、潟湖，形成深深浅浅的海湾。河流如动物的血管和动脉，裹挟着陆地的元素去滋养大海，创造出陆地和大海之间真正永恒的联结。河流在礁体上刻画的通道，还能方便生活其中的物种，如鱼类、甲壳类（如虾）通行。所有这些物种的生活史中都必不可少拥有一个海洋生活阶段。在波利尼西亚具有代表性的淡水鱼中，Puhi（淡水鳗鲡，不能与在海洋中生活

的海鳝混淆）这种鱼非常神秘，在整个南太平洋地区都与希娜（Hina）*和椰子树的传奇故事相关。法波有 3 种鳗鲡，分别是花鳗鲡（*Anguilla marmorata*）、灰鳗鲡（*Anguilla obscura*）、大口鳗鲡（*Anguilla megastoma*）。花鳗鲡在河水中最多，灰鳗鲡多见于平静水域或沼泽地，大口鳗鲡则能够沿河谷到达最高的瀑布。最新研究显示，鳗鲡一般在雨季新月期间占领河流。当它们游往河口时，会进入太平洋度过 100 多天的洄游期。如今，河流疏于维护遭到破坏，人类活动也并不考虑这些物种的生活史，所以从河口开始，鳗鲡就将面临多种多样的压力，包括污染、开采、捕食者，以及各种各样的水利设施（防水层、截流、水坝等），这些都会影响鳗鲡的存活，使其游向河流的过程危险重重。但是，保护这类物种在海陆之间的自由流动又是如此重要，因为正是它们不断提醒着我们，水是一切生命的源头。

（皮埃尔·萨萨尔　弗雷德里克·托朗特）

* 波利尼西亚神话中的英雄毛伊（Maui）为了一个名为希娜的女子，打败过邪恶的鳗鱼之神，后者的内脏后来被埋起来长成了椰子树，它的血肉也流浪到海中化成了我们现在所看到的鳗鱼。还有传说称，希娜有一个鳗鱼爱人，每当两人相会时，鳗鱼会从海中来到陆上并化身成人类，但他后来因为村民嫉妒而惨遭不幸，希娜便将他的头颅埋在海滩边，从中长出了一棵人类从未见过的树木，就是椰子树。——译者

穆鲁罗瓦环礁和
方阿陶法环礁今昔如何

    法波令人神往。但是这样一处胜地，数十年来始终被一个阴影笼罩着，这个阴影就是法国 1966—1996 年间进行的核试验。这些核试验依旧是此地的敏感话题，截至 1974 年，法国在土阿莫土群岛的穆鲁罗瓦环礁和方阿陶法环礁共进行了 178 次核试验，其中包括 41 次大气层试验。这些试验均是由当时的法国核试验中心管理局主持开展的。目前法国本土机构和法波政府正在合作建造一座核试验历史纪念馆。

    谈起核试验，我们必然想到核辐射对工作人员或对周边居民的放射生物学影响。可惜这种影响研究不在我们的能力范围之内，但是我们可以研究核试验对穆鲁罗瓦环礁和方阿陶法环礁的影响。

    穆鲁罗瓦环礁是法波 84 个环礁中的一个，分别通过东北部一个大的潮汐通道，以及南部和北部的功能性水道连接大海。与大海相通保证了潟湖湖水不断更新。方阿陶法环礁则是封闭环礁，没有潮汐通道，以前主要通过东、南、北三面的功能性水道更新潟湖湖水。为了方便船只进入，当地于 1964 年曾开掘了一条人工通道，可惜当时没有科学家参与开掘工作。这一点着实遗憾，因为环礁的开放程度非常重要，决定着潟湖物种的构成和潟湖物种群落的动力学机制。

    1965 年，也就是方阿陶法环礁 4 次大气层试验中的第一次试验进行的前一年，人们开展了第一次识别和清点该环礁外礁坪数百个地点的软体动物的任务，1966—2014 年又开展了 12 次此类清点工作。结果显示，第一次大气层

图 4.13.1 方阿陶法环礁外礁坪是软体动物研究的场所

试验对软体动物影响甚小，而 1968 年的第二次试验（代号"老人星"，当量 200 万吨）是毁灭性的，一些种群被冲击波和爆炸产生的热量悉数毁灭。1970 年进行的最后 2 次大气层核试验威力较小，连同后来的 10 次地下核试验，这些试验对环礁外礁坪的软体动物几乎没有影响。1997—2014 年在环礁上的清点工作发现，软体动物总数之所以保持正常，并非与环境生态位相关，而是归因于物种偶然恢复。因为海水水流具有不确定性，所以周围海水中丰富的不同物种幼体重新固着在了环礁外礁坪上。

图 4.13.2　方阿陶法环礁密瘤玉黍螺（*Tectarius grandinatus*）是 1968 年"老人星"爆炸试验后大批死亡的一个岸上物种

穆鲁罗瓦环礁地下核试验对鱼类的影响研究分别于 1990 年、1992 年、1996 年和 1997 年展开，人们对潟湖 137 处试验地点中的 16 处进行了清点。当时推测认为，试验地点周围 1 千米的鱼类已全部因超压力灭绝。然而研究证明，在穆鲁罗瓦这样的开放环礁，在仅受核试验影响的情况下，一旦停止核试验，随后只需 5 年，鱼类就能恢复到原来的水平（我们称之为种群恢复力）。后来进行的遗传学研究也发现，穆鲁罗瓦和方阿陶法两处环礁的鱼类与法波 10 多个其他环礁的鱼类没有任何差异。

（贝尔纳·萨尔瓦　勒内·加尔赞）

5

观测珊瑚礁

◀

图 5.0　一次珊瑚白化事件期间，科学家潜水评估礁体健康状况

监测珊瑚礁

　　珊瑚礁是世界上重要的文化遗产和自然遗产，也是数百万人的经济来源。珊瑚礁对自然和（或）人类活动造成的干扰异常敏感，因此定期收集其健康和发展状况的数据极其重要，这样才能持续管理珊瑚礁生态系统和相关生态系统服务。珊瑚礁状况变化是个漫长的过程，所以监测工作要结合数十年甚至更长时间的数据收集和数据价值化过程。取样策略也要随时间和空间进行调整，并要有与珊瑚礁状况变化显著相关的指标加以支撑。

图 5.1.1　沿着莫雷阿岛潟湖的样带调查线（截线），专家以水肺潜水方式清点海底的珊瑚礁生物

©Yannick Chancerelle

图 5.1.2　莫雷阿岛礁外坡海底珊瑚覆盖率变化图，采用样方拍摄技术（在海底放置 1 米 ×1 米样方后拍摄的珊瑚礁图像）；百分数对应活珊瑚的比例，根据照片分析计算得出

　　活珊瑚覆盖率是反应珊瑚礁状况的主要指标，也是核心标准，广泛用于珊瑚礁跟踪监测，可以显示珊瑚礁总体健康状况的很多变化。另外，珊瑚礁生态系统其他关键生物（鱼类、软体动物、海藻等）的状况指标以及一些物理－化学数据（温度、营养盐、氧气、流体动力、声音等）常常作为补充信息。这些物理－化学数据通常由安装在水体环境中的自动探测器测量或提取自卫星数据。生物指标则大部分由专家收集，他们或者直接沿环境中的样带调查线（截线）识别物种、清点数量并测量尺寸，或者借助水下拍摄的照片或视频完成以上工

作。最后，还有越来越多的社会经济（旅游、生存捕鱼或商业捕鱼……）跟踪数据用来补充取自环境的直接数据。

自建立之初，法国岛屿研究与环境观测中心就意识到长期监测珊瑚礁环境随时间变动的科学意义，因此在1987年就开始了第一阶段的跟踪监测，地点是在莫雷阿岛西北部的提阿乌拉辐射带。后来，监测项目更加多样，地理上也扩展到莫雷阿全岛，随后又扩展到塔希提和4个群岛中的其他地点。近年来，中心还在全球珊瑚礁监测网络（GCRMN）南太平洋波利尼西亚地区分支"波利尼西亚马那"（Polynesia Mana）的框架下，持续扩展到周边邻近岛国或领土（库克群岛、基里巴斯、皮特凯恩群岛、萨摩亚、汤加王国）。这些监测项目的目标多种多样，包括海洋保护区的有效性、红树群落的扩展、海岸的变化、经过处理的水的排放产生的影响，以及气候变化和自然干扰下珊瑚和鱼类种群的变化等。尤其是在莫雷阿岛，现有监测工作连同科研机构——如"长期生态研究站"（LTER）——以及珊瑚礁健康调查（Reef Check）、"珊瑚礁一瞥"等参与性机构开展的监测工作一起，使该岛成为世界上受监测密度最高的岛屿，截至2020年，全岛50个地点有近15个监测项目正在进行中。

现有的大量数据均已证明，珊瑚礁环境正在恶化，在这样的形势下，我们希望能将已获取或正在获取的信息更好地纳入从地方到国际层面的政治决策过程，并能被充分加以利用，以保证我们的环境政策向着正确的方向推进。

（扬尼克·尚瑟雷勒　波利娜·博瑟雷勒

韦托·廖　吉勒·邵　玛格丽特·塔亚鲁伊）

莫雷阿岛珊瑚的苦难童年

身为一个珊瑚幼虫实在是太不容易了。虽然成年珊瑚虫看起来过着稳定的定居生活，珊瑚幼虫的生活则截然不同，它们实在是命运多舛！

"旅行造就年轻人"这句名言实在太适合珊瑚幼虫了。它们的生命始于广阔的海洋。珊瑚幼虫，一般称作浮浪幼虫，自出生起便流向海洋。它们被洋流裹挟着，漂流着，要度过几天至几个月的时间。大部分珊瑚幼虫从那时起就已经与虫黄藻共生了，前者提供住宿，后者提供食物。但是饥饿并非唯一的风险，事实上还有很多捕食者摄食浮游的珊瑚虫，而珊瑚幼虫那么微小，无法逆流游动，因此可能漂往危机四伏的地带。

过了幼虫阶段，这些"小小旅行家"就要找到一个栖身之所。洋流虽然是决定珊瑚虫固着地点的主要因素，但珊瑚虫也能对适合自己的微生境进行筛选。浮浪幼虫能感知光信号、化学信号，甚至声音信号，从而选择适宜的栖息之地。但是靠近海底并找到容身之所也并非全无风险。要知道，一个珊瑚礁就是无数张嘴巴，周围布满水螅体有毒的触手，随时窥伺着误入领地的猎物。所以浮浪幼虫要找到一个空闲的角落，那里要有充足的阳光照射，能进行光合作用，同时不暴露于捕食者的视线。

一旦落足珊瑚礁，珊瑚幼虫就变态发育成一个新固着珊瑚虫，水螅体不断增多，个体不断长大，直到形成珊瑚群体。大约一年后，该珊瑚群体达到1厘米左右的尺寸，可惜有90%的新固着珊瑚虫活不过一年。随后，年轻的珊瑚虫会倾尽全力生长发育，并在四五岁时达到性成熟阶段，整个珊瑚群体也就到了成年阶段，能生殖并繁衍后代了。

20多年来，科学家致力于研究莫雷阿岛珊瑚幼虫的变化发展，有跟踪监测项目可以细致评估珊瑚礁不同地点每年有多少个新固着珊瑚虫。监测发现，就像粮食收成有"好""坏"年份之别，新固着珊瑚数量随年份变化也很大，环境（温度、洋流等）变动往往影响珊瑚幼虫是否能够成功固着。另外，成年珊瑚能否存活主要取决于周期性干扰珊瑚礁的因素（热带气旋、珊瑚白化、棘冠海星过度繁殖等）。新固着珊瑚虫的数量则相对独立于以上干扰因素，很有可能是因为附近有其他珊瑚礁保证繁殖。捕食动物，植食性动物如鹦嘴鱼啃食珊瑚基底并毁坏珊瑚，沉积物掩埋珊瑚以及与周边其他生物的竞争都是引发新固着珊瑚虫死亡的重要因素。对于年轻的珊瑚虫而言，一些蝴蝶鱼专门猎食珊瑚虫则是导致其死亡的最重要原因。

年轻珊瑚虫成功固着并成长是珊瑚物种一代代更替的关键要素，也是成年珊瑚虫遭遇灾难死亡时，珊瑚物种存续的保证。年轻珊瑚虫是珊瑚礁的未来，因此保持年轻珊瑚虫固着和生存的适宜条件尤为重要。例如，保持珊瑚礁健康，限制流向潟湖的陆源沉积物和污染物，避免过度捕捞（会减少植食性鱼类的存量并助长藻类繁殖），这些都是保护珊瑚礁环境的重要举措。总而言之，日常生活中保护海洋环境的简单行为就可以使珊瑚幼虫的生活不再那么艰难。

（露西·佩宁　穆赫辛·卡亚勒　迈赫迪·阿杰鲁）

从太空俯瞰珊瑚礁

1972 年 12 月，人类拍下第一张清晰完整的地球照片，被称为"蓝色弹珠"。这张著名的照片提醒我们，在深不可测、寒冷阴暗的宇宙，栖居地球的生物命运一体、生死与共、息息相关。照片通过嵌套结构在宇宙层面凸显出既美丽又脆弱的地球，与地球景观遥相呼应。

50 多年来，人造卫星拍摄的照片已经可以用来从时空角度研究短期天气现象，如风暴、热带气旋、雷雨，也可以研究长期的物理、生态、社会过程，如冰川融化、海平面上升、森林退化和城市化。

卫星传感器技术性能不断改进，影像的空间分辨率也不断提高，影像像素已从 80 米/像素（由 1972 年发射的"陆地卫星 1 号"实现）提高到 0.3 米/像素（由 2014 年发射的"世界观测"-3 卫星实现）。"世界观测"-3 卫星位于 600 多千米的轨道高度，其传感器相当于能够在巴黎拍摄到马赛一个小学生的直尺。如此精细的空间信息为科学家提供了强大的工具，可以方便他们绘制与珊瑚礁滨海景观相关的地貌学、生态学和社会学元素地图。

卫星影像幅宽大小与像素大小之间互相牵制：幅宽越大，像素就越大（空间分辨率就越小）。这一关系非常重要，因为像素数目是数字影像的一个主要制约因素。除了空间分辨率，卫星传感器的其他分辨率也有长足进步，分别是光谱分辨率、辐射分辨率和时间分辨率。光谱分辨率（以纳米为单位）与传感器探测到的"色彩"数量成正比，辐射分辨率（以比特为单位）对应传感器能分辨的"色彩"的细微变化量，时间分辨率（以天为单位）体现对同一场景的访问周期。

©NASA/Apollo17

图 5.2.1 "阿波罗 17 号"航天员拍摄的"蓝色弹珠"

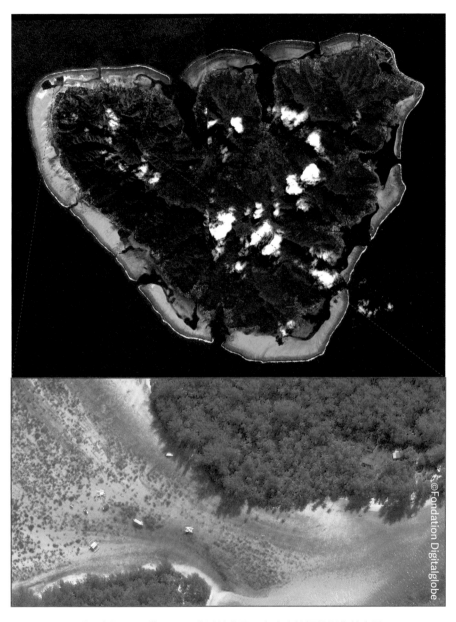

图 5.2.2　2018 年,"世界观测"-3 卫星在法波莫雷阿岛上空拍摄的影像放大图

卫星影像受益于极强的卫星空间分辨率、光谱分辨率、辐射分辨率和时间分辨率。如"世界观测"-3卫星就具有0.3米的空间分辨率、16个波段的光谱分辨率、12比特辐射分辨率和5天一次的重访周期，为研究和管理珊瑚礁景观的社会－生态状况提供了多种应用的可能。影像分类通过机器自动学习实现，可以精确绘制各类海底生境，如珊瑚（根据其形态：团块状、盘状、分枝状、皮壳状等）、大型藻类、海草床、沉积物。我们还可以诊断珊瑚的健康状况（存活、白化、死亡）。根据空中和水中不同"颜色"进行建模，可以绘制潟湖和海面以下30米水深处的地图（水深测量）。获取成对照片并通过摄影测量法处理，可以绘制地形起伏（地形测量）。所有这些区域性的卫星产品都依赖于本地获取的航拍影像（摄影、激光、无人机）和海底影像（摄影）。

在这个数字技术，尤其是空间数字技术发展的千年之初，依照"空间－光谱－辐射－时间"梯度获取的空间影像源源不断地补充到珊瑚礁景观跟踪大数据中。因其信息量够多，所以人工智能才能更精细地诊断识别海底生境，并且能更好地预测其健康状况轨迹。图像－算法结合已成为科学家和管理者的尖端武器，在人类世的珊瑚礁研究中将大有可为。

（露西·佩宁　穆赫辛·卡亚勒）

3D 测量珊瑚礁，这可能吗

珊瑚礁濒危，世界各地都在加大力度搜集整理有关珊瑚礁健康状况的信息。珊瑚礁监测最初主要靠潜水进行生态调查，科学家设置一些 10—50 米长的样线（在海底划定出矩形区域的线），或者对珊瑚礁的某一部分布设样方进行拍照（样方照片），以此来清点既定表面上死珊瑚和活珊瑚的数量以及珊瑚的种属。所有这些都需要花时间潜水，即便如此，还是有很多信息不完整，因为所得图片是平面二维的。

图 5.3.1　3D 点云构建出的乌波卢岛（位于萨摩亚）珊瑚礁

珊瑚礁的第三个维度赋予礁体以曲面，被称为礁体粗糙度。这一维度在前面所述的生态调查中却没能得到体现，且生态调查的面积极其有限。好在最近几年，由于高分辨率数字影像探测技术的发展，加上计算机辅助的图像建构技术，珊瑚礁监测取得了长足的进步。借助摄影测量技术重构 3D 珊瑚礁，我们能通过对 3D 珊瑚礁的分析来监测珊瑚礁。因此，珊瑚礁监测方式已经发生了革命性的变化。

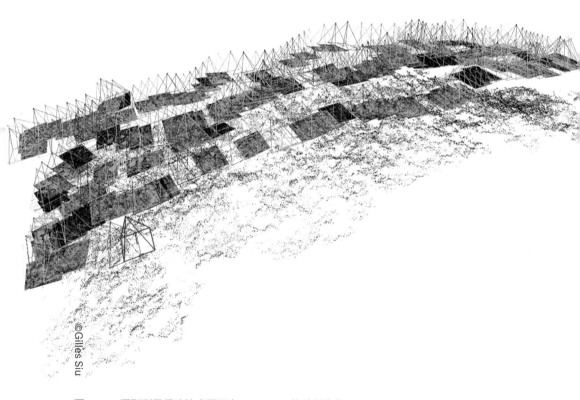

©Gilles Siu

图 5.3.2　摄影测量重建技术图示（Visual SFM 软件制作）

达·芬奇（Leonardo Da Vinci）于 1480 年最先产生运用透视法作画的想法，洛瑟达（Aimé Laussedat）则于 1850 年最先将摄影技术运用于地图绘制，随后该方法在两次世界大战之间发展起来。近几年技术上的进步使得摄影测量更加广泛且更加普遍地应用于陆地和水下测量，如 GPS 航空地图绘制、森林消长变化分析，以及珊瑚礁跟踪监测。今天，只需一部手机，就可以使用摄影测量技术重构一个房间的内部三维影像，而一台配置齐全的电脑可以重构一大片珊瑚礁的三维影像，其分辨率可以达到 0.5 厘米。

　　算法也很简单：第一，识别每对照片之间对应的点；第二，找出每张照片的透视点；第三，将对应的点投射到第三维中，如有需要还要转化成网格；第四，校准距离，这样就可以测量场景中的物体。

©Scripps Institution of Oceanography

图 5.3.3　潜水员拍摄珊瑚礁照片用于摄影测量建模

今天，摄影测量技术已引领我们进入珊瑚礁监测的新时代。科学家发现，在花费同样时间的情况下，该技术监测能力提升是潜水监测的 5 倍，以前潜水 1 小时拍摄样方 20 平方米，而现在利用 3D 影像能在 45 分钟监测 100 平方米。而且，改变的不仅仅是珊瑚礁的监测面积，更主要的是，通过 3D 重构珊瑚礁获取的信息更准确、更有用。3D 影像不但能够确定珊瑚礁健康状况的经典参数，如珊瑚覆盖率、藻类覆盖率或其他已鉴定物种的覆盖率，其重要的贡献之一还在于能够更加便利地计算礁体粗糙度，这一参数能够帮助获取珊瑚礁礁体结构复杂度和相关的生态服务信息。过去，为了现场直接计算礁体粗糙度，先要沿着珊瑚礁起伏的轮廓放置一条链条，然后测量链条头尾之间的直线距离。假设 l 表示链条的长度，d 表示头尾之间的直线距离，礁体粗糙度就是两者的比例 l/d。在数字重构的影像上，很容易生成数十条甚至数百条数字链条，然后进行同样的计算。3D 模型还能使我们快速评估其他现场难以测量的参数，如每种珊瑚制造的碳酸钙总量或活珊瑚组织形成的表面积。

3D 影像用于珊瑚礁监测不受时间和潜水装备的限制，虽然也出现了新的问题，但还是为科学家展现出珊瑚礁研究的一片新天地。3D 影像还展示了无数令人觉得不可思议的可能性，尤其是通过虚拟现实向公众传播知识。总之，一切才刚刚开始，这项技术还将继续为我们带来无尽的发现。

（吉勒·邵）

亮出你的 DNA，
我就能说出你是谁

　　DNA 实在神奇，因为它独一无二，个体间互不相同，物种间亦千差万别。所以，只要获得物种的一点 DNA，就能判断它是哪一物种。我们称之为遗传条形码，类似于超市商品的条形码。遗传条形码是通过获取一个包含 500—1 000 对碱基的 DNA 片段，再根据该 DNA 片段核苷酸的序列而建立的。这种技术现在已经非常成熟，我们甚至可以同时获取多个物种的 DNA，并测定出所有这些物种的类别，这就是环境 DNA。那环境 DNA 具体是指什么呢？它是指从环境（水、沉积物、土壤）中而非直接从生物体采集的 DNA。

　　环境 DNA 来自哪里？如何从珊瑚礁上采集环境 DNA？为什么要从珊瑚礁上采集呢？原来，海洋中的所有生物都会掉落一些 DNA，即所谓"丢失的DNA"，它们是包含在皮肤黏液、口腔、皮肤、脱落的皮毛甲壳以及粪便中的DNA。这些"丢失的 DNA"最终在海水中混合、保留并转移，因此，海水中满是被遗弃的 DNA，它们是生物经过或出现的痕迹。采集的方法很简单：用很细的滤网过滤几升海水，提取并纯化这些"丢失的 DNA"，就能找出所有在研究区域活动的生物的痕迹。随后进入建立 DNA 宏条形码阶段。其实宏条形码与遗传条形码一样，只是前者适用于物种混合物，是为了提取混合体中所有物种的 DNA，而非某一特定物种的 DNA。

　　因此，环境 DNA 常被用来调查生物多样性，探测特定种或入侵种。该术语有时也被用来表示鉴定技术，作为一种新方法，环境 DNA 技术革新了价格昂贵、局限性大的传统监测方法。使用环境 DNA，可以使生物多样性评估标准化、客观化。为此，需要发展出一套标准化、可重复使用的方法，以获取可靠的参考数据。同时，过滤取样的代表性和用于观察的 DNA 的代表性问题也很重要，是目前攻克的难关之一，也就是说，我们需要确定何时、何地进行采样，以及采样和重复的数量。

图 5.4.1 波利尼西亚一处包含珊瑚和鱼、具有丰富多样性的珊瑚礁，我们还将借助"丢失的 DNA"补充更多物种信息

在目前全球变暖、人口激增的大背景下，跟踪生态系统生物多样性的发展变化，对于了解现行环境政策的效果和记录生物多样性危机的现状具有关键作用。为了评估这场危机，掌握体现时间变化趋势的数据非常重要。为此，法国设立了环境监测站、公立组织或协会组织（必要时可以是非政府机构），负责收集并集中环境指标数据，用于生物监测、环境监测、管理并（或）制定和评估环境政策。生物多样性的核心指标是物种数量（即物种丰度），它能向我

们提供环境复杂度的信息，另外还会有每个物种的丰度信息。

研究、分析、描述环境 DNA 类似司法鉴定工作，它代表着生态系统物种多样性监测的未来，因为到最后，一切工作都可以自动完成，而且还可以与警报系统、监测网络联结起来，对珊瑚礁健康状况发出预警。

（塞尔日·普拉内）

寂静的世界：
一个神话的终结

对于很多海洋生物而言，发出声音和接收声音事关空间定位、种内和种间交流、寻找猎物和避开捕食者等重要活动。

自 2000 年起，各种各样的研究都在寻求描述和理解法波鱼类的声音交流情况。随后，这些研究又进一步引导学者关注海洋环境中的各类声源，并开始描述海洋声音景观。海洋声音景观由生物产生的声音（生物声音）、人类活动产生的声音（人造声音）和非生物产生的声音（地理声音）如海浪声、风声等组成。这些是真正的声音签名，体现着不同生境的特点，对很多种珊瑚礁鱼类的仔鱼非常有用，能在仔鱼固着时帮助其定位偏好的生境，并引导仔鱼游向该生境。

因此，在莫雷阿岛和其他地区（波拉波拉岛、马达加斯加、马约特岛、中国台湾、瓜德罗普等）的珊瑚礁开展的相关研究都参与建设了一个新学科：声学生态学（acoustic ecology）。其研究方向包括：声学生态位、积极声学空间、声学群落以及与声音现象相关的物候学，这些研究可以帮助我们观察全球气候变化对物种、种群、群落和景观的影响。自 2005 年起，我们的研究转向利用被动声学录音收集的信息。尽管声学监测看似是研究从物种到整个海洋生态系统的宝贵工具，但目前的监测时长还局限在几天的范围内，要建立可供未来参考并能指导管理规划的研究方法和基本标准，则需要对海洋环境进行长期（数月或数年）的录音。另外，对研究方法的评估尤其需要论证清楚一点，即珊瑚礁生物多样性确实与声学数据具有相关性。为此，我们从 2017 年开始在法波和法属加勒比海展开一系列研究。研究证明，声音确实可以提供鱼类多样性和生物学信息，尤其可以提供船声造成干扰的信息，从而使我们可以描述和对比声音景观。

图 5.5.1　研究可以耦合声响录音（右侧水听器）以了解声音景观，也可以借助水下扬声器测试物种敏感的声响

　　未来，我们还要细化研究方法，提出可供更多人使用的新指标，并立足这一基本事实：在海洋保护区内，更复杂的声音景观可能与鱼类多样性相关。因此，海洋声学状况应该作为参考指标纳入海洋保护计划，以评估海洋保护区的有效性。海洋声学监测也能使我们明白环境变化如何影响海洋生物的分布和洄游行为等。由此可见，探究环境变化如何表现为声音景观的变化，是一个前景非常广阔的研究领域。

（埃里克·帕尔芒捷　弗雷德里克·贝尔图齐　戴维·莱基尼）

探索法波珊瑚礁鱼类多样性的科学考察

    法波覆盖着 500 多万平方千米的海洋，118 座由珊瑚礁构成或主导的岛屿点缀其间，这些岛屿为珊瑚礁鱼类提供了广阔的栖息地。早在 1932 年，赫尔（A. Herre）就对法波鱼类进行了初次统计，并记录了 389 种鱼，所以几十年来法波鱼类多样性已经得到了部分展现。自 2002 年来，法国岛屿研究与环境观测中心及其国际合作伙伴又开展了新的科学考察，研究人员发现了新的种，在发现之时尚未有记录。这些科学考察进一步拓展了有关鱼类多样性知识的界限，还使我们探索了迄今为止人迹罕至、知之甚少的遥远岛屿。从拉帕岛清凉的海水到南方群岛湛蓝清澈的海水，还有北部近乎神秘莫测的马克萨斯群岛、东部遥远的土阿莫土群岛、西部偏僻的马努瓦埃环礁（也称为锡利环礁）、莫皮哈环礁（又称莫贝利亚环礁），都成为考察的目标，这 18 年的探索使我们得以全面收集法波珊瑚礁鱼类标本。2002 年前，法波记录在案的鱼的种数有 800 多，而现在已经超过 1 300。

    那么，这些科学考察到底是什么样的？很简单，由一个考察团长带领一个由研究员、博士生、工程师、技术人员组成的团队，乘坐一艘设施相对简陋的船，就这样开始调查波利尼西亚珊瑚礁鱼类的生物多样性。经过数月的准备工作，一上船，大家的节奏就稳定下来了，主要就是航行、潜水、采样、对活的样品拍照记录其色彩、初步进行形态特征描述、每种样品少量留样以进行后期的实验室遗传学分析。根据具体科考安排，每次航行时间持续 5—30 天不等。随着时间的推移，科考过程中总能有一些令人惊喜的发现，例如发现大约 150 种未知的新鱼。

©Jeffrey T. Williams

图 5.6.1 法波新发现的几种鱼的照片：*Trimma lutea*，23.4 毫米，南方群岛采集；*Plectranthias flammeus*，21 毫米；*Macropharyngodon pakoko*，60 毫米，马克萨斯群岛采集；*Chromis planesi*，101.1 毫米，仅见于拉帕岛；*Canthigaster criobe*，45.5 毫米，仅在甘比尔群岛见到一例；*Macropharyngodon pakoko*，74 毫米，南方群岛采集

图 5.6.2　法波一次采集后获得多种多样的鱼；在分拣阶段，将已知种和未知种进行分离非常重要，而且要快速完成以免样本变质

每次考察都是一次探险，因为谁也无法预料将会发生什么事情，将能取得什么成果。2002 年，当我第一次在法波参加拉帕岛鱼类多样性科考研究时，一下子发现了很多新种，例如生活在浅水中的 *Parioglossus galzini*，还有生活在外礁深海中的 *Chromis planesi*。当时那种惊喜实在是无法用语言来形容！在我参与的所有考察中，2008 年在马克萨斯群岛的莫霍坦岛、2011 年从该群岛最北部的莫图奥内环礁到最南部的法图伊瓦岛这两次经历尤为印象深刻。马克萨斯群岛是法波最靠北的群岛。这些岛屿离赤道最近，位于南赤道逆流流经之地，受到深层寒冷上升流的影响。这一上升流在当地形成独一无二的环境条件，有利于生长出与众不同、特有性比例极高的鱼群，也就是说，这里有许多绝无仅有的鱼。我们采集的样本也是在马克萨斯采集到的最珍贵的品种，举世无双。更罕见的是，2011 年那次考察过程中，我们发现并记录了超过 25 种新的鱼，其中包括令人惊艳不已的一种棘花鮨，其学名为 *Plectranthias flammeus*。

在过去 20 多年中，我们发现了 150 多种鱼，其中大部分是法波特有种。在南方群岛采集的新品种中，有磨塘鳢属的 *Trimma lutea*，以及穗肩鳚属的 *Cirripectes matatakaro*，后者是新近描述的品种。最后我还想提一下在甘比尔群岛发现的一种尖鼻鲀鱼，它被命名为 *Canthigaster criobe*，如此命名正是为了感谢环境观测中心对所有这些科学考察活动的支持和帮助。

（杰弗里·T. 威廉姆斯　赛尔日·普拉内）

海洋：
马克萨斯群岛的传世珍宝

    法波的马克萨斯群岛，由 12 个海岛组成，拥有独特新奇、举世无双的陆生生物和海洋生物多样性，因此是真正需要保护的"自然之都"，这也将管理和保护作为优先问题摆在我们面前。以下几个特点使马克萨斯群岛的海洋环境成为太平洋上独一无二的遗产，包括：珊瑚礁异常缺失、海洋生产力极高、海洋动物无与伦比、物种特有性清晰鲜明。

    根据所处纬度，马克萨斯那些由玄武岩构成的热带岛屿本该为珊瑚礁所环绕。事实上，此地现在确实有珊瑚，但并不是造礁珊瑚，因而没能形成珊瑚礁。其实在公元前 26600—前 9000 年，这里也曾有过珊瑚礁，甚至现在在水下 55—125 米的深度还残存其遗迹，但是自公元前 9000 年起，珊瑚礁生长速度开始赶不上海平面上升的速度，因此礁体逐渐没入大海。就此人们曾提出很多假说，近来有假说认为当时出现厄尔尼诺现象，导致海水温度明显上升，继而海水水位快速升高并淹没了珊瑚礁。

    在热带群岛中，马克萨斯诸岛还拥有得天独厚的生态系统，该系统初级生产力高，并未直接受到沿岸上升流或赤道上升流（深层寒冷海水上涌到表层）的影响，这一点与别处观察到的情况不同。因此，该群岛同时具有强水流、高水温和高初级生产力的特点。此外，由于靠近赤道上升流，以及尚不明原因的局部富集现象，环绕群岛的海水含有特别丰富的营养物质。如此高的初级生产力形成的结果之一就是，群岛下风处生产力高的地区，海洋生物多种多样、极其丰富。

首先，群岛容纳了丰富多样的鲸目种群（尤其是大大小小的海豚科动物）。其次，蝠鲼（包括双吻蝠鲼）、鱼类和海鸟的聚集度也非常高。最后，马克萨斯地区既是外海物种如金枪鱼的食品柜，也是一些非常丰富的海滨物种（鹦嘴鱼、刺尾鱼、鲹鱼等）的粮仓。这里的水下景观包括：海边悬崖在水下的延伸、岩洞、熔岩通道、悬垂峭壁、海底平原、海坡等。相对于所处的热带纬度而言，这些景观都新鲜奇特、非比寻常，因为一般的水下景观均以珊瑚礁为主。按照景观的多样性和复杂性，以及景观所在深度、结构、海底底质性质和海底覆盖物，可以划分出多种不同的生境。

©Kirahu Howard

图 5.7.1　马克萨斯群岛南部岛屿中，法图伊瓦岛标志性的哈纳瓦维海湾或称处女湾，是众多航行马克萨斯群岛的帆船的必经之地

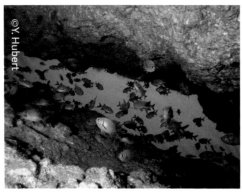

图 5.7.2 上图: 蛇皮豆娘(*Abudefduf conformis*, 特有种)和四带笛鲷 (*Lutjanus kasmira*, 数量多, 分布 广); 下图: 水下悬石下的锯鳞鱼群

　　最后，马克萨斯群岛遗世独立，加上非典型的物理化学条件，以及独一无二的地貌条件，造就出很大比例的特有种。以鱼类为例，其特有性比例达到14%，在太平洋地区特有性比例排名第三位，位居复活节岛（25%）和夏威夷岛（20%）之后。此外，马克萨斯特有种体形尤其硕大，种类尤其丰富。

（勒内·加尔赞）

"塔拉太平洋"：一场探索珊瑚礁奥秘的科考之旅

"塔拉太平洋"之旅诞生于特鲁布莱（Romain Troublé，塔拉科学考察基金会主席）和普拉内（Serge Planes，时任法国岛屿研究与环境观测中心主任）2014 年的一次会谈。该科考旅行的目标是：挖掘珊瑚礁多样性中尚不为人知的一面，那就是珊瑚礁微生物多样性，即我们肉眼看不见、只能通过 DNA 痕迹来确定、被称为微生物组的生物多样性。20 世纪 80—90 年代基因测序技术的进步，使我们发现了人体微生物组的重要性；人体内微生物组主要由细菌、病毒、原生生物和真菌构成，现在普遍认为微生物组是保证我们身体健康的重要因素。对于珊瑚和珊瑚礁生态系统来说，情况也是一样的。要知道，珊瑚礁生态系统现在退化严重、濒临危险：50 年来已有 20% 的珊瑚礁消失，IPCC 预测从现在起到 2050 年还会出现更严重的损失。

所以，研究珊瑚礁从而理解其生态恢复力机制、提出符合现实需要的珊瑚礁管理方案尤为重要。具体思路是利用珊瑚礁自身抵制干扰和环境变化的能力，并强化这种能力，以使其更好地适应变化。解决方案可能就隐藏在珊瑚的基因和维持珊瑚健康的微生物组里，因此开展"塔拉太平洋"之旅的目的就是找到这样的解决方案。

2016—2018 年，"塔拉号"双桅纵帆船就此展开了太平洋科考之旅，考察目标集中在珊瑚礁上，获得的考察数据令人瞩目。"塔拉太平洋"总共穿越了 10 万千米的海洋，途经 70 个停靠地，建立 200 个取样点，最后采集到大约 36 000 个珊瑚、浮游生物和鱼类样本。在法国国家测序中心的支持下，研究人员借助基因组学方法，对这些样本的 DNA 和 RNA 进行大规模测序，以更好地勾勒珊瑚礁生物多样性。

图 5.8.1　面对波利尼西亚广阔的珊瑚礁（此处为甘比尔群岛），"塔拉号"就是一艘微不足道的小艇；这一场景可以类比广阔的珊瑚礁蕴含着无尽的奥秘，而人类知之甚少

　　这样的考察就像 18—19 世纪的远洋航行，那时曾派出"星盘号""罗盘号""贝格尔号"和很多其他航船去探索海洋。今天在科学界组织这样一次航行则是罕有的事情，因为要在两年多时间里驾驭一条船并指挥一个科考团队从事一项独一无二的全球性计划，这实在是非同寻常！挑战是多方面的：要组建并管理一个人员众多的国际科学团队，并就普遍关切贡献出各人不同的专业方案；提出一个创新的共同方案，并能让每个人施展出自己的才能；考虑所有人的取样性质和保存样品方面的特殊需求，确定适用于所有人的取样方法；完成大量的采样还要将样品从遥远偏僻的采样点带回；现场组织团队、分配任

务并协调；最后当然还要保证塔拉科学考察基金会和全体船员之间的沟通协调。"塔拉太平洋"之旅准备了整整两年的时间，包含了分布在世界 10 余个不同国家的 23 个研究机构的共同努力，海上旅行持续了 883 天；100 多人在船上轮流取样，完成近 2 700 次潜水，度过了长达 29 个月的海上生活。

图 5.8.2　科学家采集珊瑚断片用来研究珊瑚微生物组

那次科考旅行已经过去了好几年，一些样品仍在分析研究中，其中蕴藏的奥秘还要过几年才能被揭开，但正是依靠这种超出寻常的整体考察方法，我们才能全面掌握太平洋珊瑚礁的状况及其恢复力。

（塞尔日·普拉内　罗曼·特鲁布莱　埃米莉·布瓦森）

海洋暮光层的奥秘

无论潜水与否，我们都对珊瑚礁有一种水下天堂的感觉，那里水质清澈，近乎透明，鱼群嬉戏，五彩斑斓。实际上，这只是"冰山一隅"。如果你潜过水，并且已经下潜到明信片式的珊瑚礁形象之下一探究竟，你很可能已经感受到来自海洋深处的召唤。从水下 30 米处开始，就到了所谓的中光层（mesophotic zone，"meso"意为"中等的"，"photic"意为"光的"），由此开启一个全新的珊瑚礁世界。这里也被称为中水层（mesopelagic zone）*，阳光越来越弱，但是即使光线昏暗依旧有生命存在。珊瑚群落也从这里开始发生变化，一些海洋表层珊瑚物种占据了中水层上部（水下 30—60 米）；为了适应越来越弱的阳光，其骨骼会扁平生长，以接纳更多的虫黄藻，有的珊瑚还会减少水螅体数量来节省能量。如果你有幸继续下潜，从水下 70—80 米处开始，将是一个更加独特的区域，这里的珊瑚群落已与海洋表层的群落大相径庭，珊瑚覆盖率也大大降低，珊瑚骨骼更加扁平、更加脆弱。

由于这个区域已经超过传统潜水的深度，因此要了解其生态系统就需要借助技术潜水（TEK，简称"技潜"），用到循环呼吸器或水下机器人。也正因如此，这里的生态系统鲜为人知，且有很多问题悬而未决。但从另一方面来讲，这里也是值得研究人员探索发现的金矿！在法波，法国岛屿研究与环境观测中心与"极地之下"探险队紧密合作，因此这里对海洋中光层生态系统的研究处于世界前沿地位。2018—2019 年针对法国海外领地海洋中光层珊瑚礁，两个机构合作开展了第一次"深海希望"科学考察。这次考察历时 12 个月，

---

* 也被称为暮光层（twilight zone），一般指水下 200—1 000 米的深度。——译者

科学家在水深 6—120 米处进行了 800 次技术潜水，涉及法波五大群岛中的 11 个岛屿，是前所未有的壮举。这次探险让我们采集到大量中水层珊瑚（1 300 多份珊瑚样品），并彻底颠覆了我们对珊瑚礁的观念。原来，中水层同样美丽、丰富，且比我们想象中更加多样化，中水层上部（水下 30—60 米）与海洋表层的生态系统一样丰富，甚至可能更丰富。此处海洋景观神秘，有时生命旺盛，令人惊奇，例如在马卡泰阿岛水深 90 米处发现的片状珊瑚，连绵不断，一望无际。这种铺展的形态使得珊瑚能够最大限度利用透到此处的微弱阳光。

图 5.9.1　法波礁外坡海洋表层（水下 0—15 米）的典型景观，以杯形珊瑚为主

图 5.9.2 塔希提岛中光层珊瑚景观，珊瑚形态更加扁平，并与柳珊瑚混合生长；柳珊瑚在这一深度更加繁盛

　　还有一些罕见奇特的海洋动物也出现在潜水员的视野中，它们可能从未见过人类，因而也对人类充满好奇。最后，你还可以想象一下海面的湛蓝和深水的幽暗，这种强烈的对比直击灵魂，却又抚慰人心。

　　"深海希望"科学考察彻底改变了我们对珊瑚礁的一贯看法，原来海洋深处的生命比我们想象的要丰富得多。在 12 个月的探险中，我们发现了一些新的生物种属，还有一些已知物种重见于某些岛屿的海水深处，因而其空间分布得到修正。最大的发现莫过于在甘比尔群岛 172 米水深处采集到的一株共生石珊瑚，而此处到达的阳光的能量还不足表层阳光的 1%！这打破了珊瑚生长深度的纪录。有人可能想，这有什么大惊小怪的，冷水珊瑚还可以生活在水深 4 000 米以下呢！但是，这是性质不同的两件事，因为我们说的珊瑚是与虫黄藻共生的珊瑚，而虫黄藻是需要吸收阳光进行光合作用的！目前尚不清楚这种需要进行光合作用的珊瑚如何能生活在这么深的海水中，相关的研究还在进行中。

图 5.9.3　在水下 172 米这一史无前例的深度，"极地之下"的潜水员采集了与虫黄藻共生的石珊瑚——夏威夷薄层珊瑚（*Leptoseris hawaiiensis*）

　　由于气候变化，珊瑚的未来一片灰暗。科学家持续关注暮光层也并非无的放矢：这里隐藏着尚未被发现的生物种属，至少应该先将其记录下来。此外，作为部分珊瑚或鱼类的庇护所，暮光层可能在珊瑚礁功能中扮演着重要的生态角色。因为相比于表层珊瑚，中光层珊瑚似乎较少受到因气候变暖引发的干扰（热带气旋、过度捕捞、生境破坏等）或白化事件的影响。海洋表层的珊瑚死亡后，这些深层珊瑚还可以散播幼虫，以填补受损珊瑚礁的位置。总之，暮光层还隐藏着不少奥秘，每次潜水探险依旧会有奇遇。当然，它有的不只是美丽和神秘，这里可能还隐藏着修复海洋表层珊瑚礁生态恢复力的解决方案，因此不应在海洋管理和保护措施中被遗忘。

图 5.9.4　马卡泰阿岛水深 90 米处的珊瑚覆盖率极高（大约 40% 的活珊瑚）

（贡萨洛·佩雷斯 – 罗萨莱斯　爱洛伊丝·鲁泽

米歇尔·皮雄　利蒂希娅·埃杜安）

© Lauric Thiault

6

拯救珊瑚礁

图 6.0　罕见异常低潮发生时，露出水面的佳丽鹿角珊瑚群体

海下珊瑚花园：
希望和幻灭并存

地球在变暖，珊瑚在白化。如果地球温度升高 1.5℃，那么从现在起至 2100 年，70%—90% 的珊瑚就会消失；如果升高 2℃，那么 99% 的珊瑚就会消失。面对这样的状况，寻求保护珊瑚的方法就显得愈加紧迫。但是，如何保护珊瑚、珊瑚礁以及相关的社会生态服务呢？

人类已经进行了多种干预，包括设立海洋保护区、对珊瑚进行遗传改造，等等，其中一个方法是在珊瑚苗圃中培育珊瑚，修复受损区域。那具体是怎么做的呢？

珊瑚断枝繁育灵感来源于植物扦插技术，这种繁殖珊瑚的方法直接方便、简单易行，自 20 世纪 80 年代就开始使用。只需从母体珊瑚上切除一小块，种植在合适的载体上，让其生出新的珊瑚虫组织和骨骼，最终长成与母体珊瑚具有相同遗传信息的新珊瑚。因此，这种技术被称为扦插，别名为"珊瑚园艺"。世界各地现在发展了越来越多的珊瑚花园，载体各式各样、花样繁多，从普通的平台到水中悬浮的花园，不一而足。无论载体如何，这种技术都能相对容易地培育出大量珊瑚，然后再将其"移植"到受人类活动影响或被破坏的区域。这就是珊瑚礁修复。

在莫雷阿岛，由哈格多恩（Mary Hagedorn）博士和埃杜安开展的法美合作项目创造出了莫雷阿岛潟湖的第一片珊瑚苗圃，该苗圃由 40 棵"珊瑚树"组成。每个珊瑚断枝系在一根渔线上，然后悬挂在"树枝"上，树体结构为 PVC 材质。每条枝上挂着 3 个断枝。在建立之初，这个珊瑚苗圃共有 2 400 个断

图 6.1.1　2019 年 5 月，莫雷阿岛潟湖中珊瑚苗圃里的一棵珊瑚树：白化珊瑚处于应激状态，但是个别珊瑚还是保留了原有的色彩

枝。这样的悬挂苗圃具有多种优势：首先，珊瑚生长快，且能免受水下捕食者如珊瑚杀手棘冠海星或小核果螺属（*Drupella*）蜗牛的破坏；其次，这些珊瑚树形成水下森林，吸引了不少的仔鱼和成鱼；最后，这种技术方便我们监测每个珊瑚个体，这对研究来说具有无可辩驳的优势。因此，珊瑚苗圃是名副其实的"活珊瑚库"，每个断枝编有一个号码，类似一张身份证，依照这个身份信息可以找到对应的电子文件夹，里面保存着有关该断枝的多种关键信息，包括珊瑚种类、母体珊瑚的位置（潟湖、礁外坡、湾底）、截断日期、扦插初始尺寸、一张照片、一个试管号码——试管中是一段保存在乙醇中用于 DNA 分析的珊瑚断块，DNA 分析能同时提供母体珊瑚遗传信息和断枝的微生物组信息。研究人员会定期监测每个断枝（或"号码"）的生长情况、成活情况、健康状况、遗传组成和性成熟度。其中性成熟度是一项非常重要的信息，因为扦插具有先天的劣势，一般只截取个别珊瑚片段进行扦插，因而珊瑚基因多样性不可避免

地降低。如果扦插的珊瑚个体能快速达到性成熟，就能进行繁殖，并为遗传重组做出贡献，这一点至关重要。在莫雷阿岛珊瑚礁，这样的奇迹发生在 2019 年 9 月 23 日，即苗圃建成后仅 18 个月：临近晚上 9 点半，分枝状佳丽鹿角珊瑚在漆黑的夜晚繁殖成功了。这对科学家而言是真正的成功。那么，珊瑚苗圃是不是就是应对气候变化的神丹妙药了？

图 6.1.2　莫雷阿岛珊瑚礁苗圃中的佳丽鹿角珊瑚断枝产卵

如果真是这样，那今天的珊瑚礁状况就不至于如此惨淡了（16% 的死亡率），我们将能获得更鼓舞人心的消息。虽然 2017 年 2 月至 2019 年 2 月，珊瑚苗圃观察到的死亡率只有 10%，但 2019 年夏季一场罕见的热浪引发 70% 的珊瑚断枝白化，几个月后又致使其中的 55% 死亡。你可以想象一下，当时研究人员有多么绝望，两年紧张工作的成果在几个月后就化为乌有……在目睹惨状继而伤心绝望之后，研究人员开始理性分析形势，在他们看来，"不幸中的大幸"是有 45% 的断枝存活下来了。可以说，这次强热浪事件帮助我们从所有珊瑚个体中筛选并识别出了那些能更好抵抗气温异常的个体，它们被称为"超级珊瑚"。整个故事重来一遍：研究人员将这些幸存者分段，做成数百个新断枝。然而，现在我们心里对这些"超级珊瑚"抵制气候反复异常的能力一点谱都没有，因为它们的抵抗力主要来自与微藻的共生关系，而这种共生关系会随着时间和空间发生变化。很可能一个个体在 2019 年存活下来，2021 年则未必。目前进行的一项实验正在测试"超级珊瑚"是否可以成为应对未来的一种可行性方案。

即使针对所谓"超级珊瑚"的研究在进行中，珊瑚礁的问题也没有得到完全解决，因为我们只会在苗圃里培育珊瑚。实际上，要修复一片退化的珊瑚礁区，首先需要明白珊瑚为什么死亡。要看看死亡原因是短期的急性事件还是长期的慢性问题（在这种情况下，重新移植还将会失败，因为珊瑚会再次死亡）；也要看看受损礁区是否具有天然的生境恢复力，也就是说是否有新的珊瑚幼体能自然而然重新固着（如果是的话，就应该让生境自行恢复）；最后还要弄清楚退化前的物种有什么，这样才能创造出与之前尽可能一致的珊瑚景观。所以实际上，修复一块珊瑚礁是一个漫长的过程，其间充满种种疑问和困惑，并非仅限于在苗圃里培育珊瑚。我们需要分析退化礁区，弄清珊瑚礁运行规律，然后再提出适宜的修复策略。无论如何，帮助珊瑚应对气候变暖的种种方法都不能铲除问题的根源，即人类过度排放二氧化碳导致海水温度异常升高。

（利蒂希娅·埃杜安　玛丽·哈格多恩）

人造珊瑚礁助力
珊瑚幼虫固着

　　每种珊瑚虫每年都有一段明确的大规模繁殖期。对于有幸直接见证这一场面的潜水员而言，这实在是一段刻骨铭心的记忆！雌雄配子受精后，几毫米大的珊瑚幼虫在大海上浮游 10 天到半个月，随后就要固着于礁体，发育成新的珊瑚群体。那么，如何选择一个理想的栖息地呢？首先，珊瑚幼虫要找到一个阳光能到达的地方，这样才能进行光合作用，但是这个地方还要足够隐蔽，以免受到捕食者破坏。其次，这个地方还不能处于极端条件下，且尚未被竞争者占据。不幸的是，由于珊瑚礁现在面临的威胁，有利于珊瑚固着也就是珊瑚幼虫定居的地点已经越来越少了。

　　一个可行的解决办法就是提供人造珊瑚礁作为珊瑚幼虫固着的载体。为了找到制作这种珊瑚礁的最好材料，法国岛屿研究与环境观测中心的研究人员与生态工程公司 Seaboost 携手合作，在莫雷阿岛珊瑚礁对不同形状、不同构造和不同朝向的载体材料进行测试。无论是传统材料如 PVC 和混凝土，还是新型材料如天然纤维聚合物和培菌造景石，以及从简单平坦的造型到 3D 打印等复杂载体，研究人员都进行了测试；载体上还设置有裂缝、孔洞、沟槽，布满了可以容纳脆弱的珊瑚幼虫的孔隙。那么问题来了，如果有天然岩石可以栖息，珊瑚幼虫还会选择人造礁体吗？答案是肯定的：仅仅放置 6 个月后，研究人员就在人造小石板上发现上千个珊瑚幼虫。除了珊瑚，我们还惊讶地发现了多种其他生物，如海绵动物、藻类、苔藓虫、甲壳类、蠕虫和软体动物。由此可以推断，载体结构越是复杂，提供的微小藏身处越多，珊瑚幼虫就越容易固着。

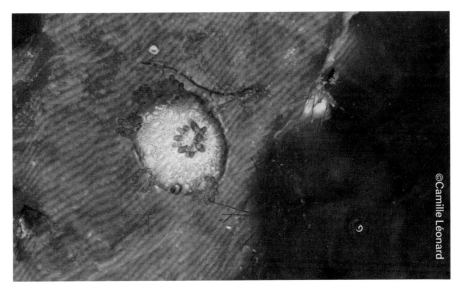

图 6.2.1　固着在 PVC 板上的幼小珊瑚，PVC 板表面附着粉色藻类；虽然珊瑚刚刚长到 3 毫米，却已经分出 7 个水螅体了

　　珊瑚生活的最初阶段仍还有很多问题需要研究，例如，海绵动物或藻类的出现会不会影响珊瑚的成活？固着在小孔洞中的珊瑚发育是否良好，是不是比在平滑表面的珊瑚成活率更高？因此，将布满珊瑚的小石板放置在珊瑚礁上，6 个月后还要重新观察，以评估珊瑚的成活情况，并确定最利于珊瑚幼虫固着的材料（复杂材料）是否也最利于其继续发育成长。如果运气好的话，在此期间可能还会有新的珊瑚幼虫选择固着在这些载体上！

　　正因为生态工程界和科学研究界的通力合作，很多前景光明的珊瑚修复技术才得以崭露头角。未来可以将人工设计的结构融入海洋背景，促进幼小珊瑚的生长、发育、成活和多样性发展。

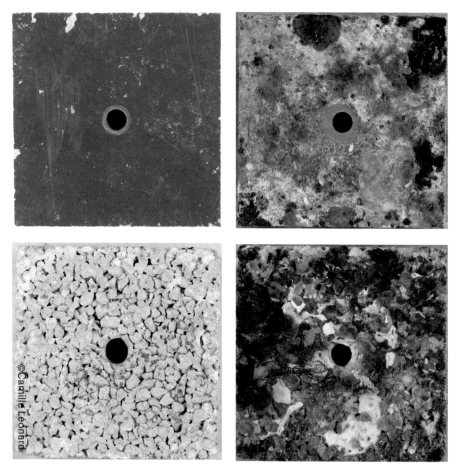

图 6.2.2 上为 PVC 板，下为多孔混凝土板，左右分别为放置珊瑚礁 6 个月前后的情形

（卡米耶·莱昂纳尔）

禁令：当代自然资源管理的替代方案

当今太平洋诸岛上开展的很多项目致力于珊瑚礁生态系统的可持续管理和保护，这些项目还吸纳了当地社群，使他们得以更深入地参与和介入珊瑚礁管理和保护。法波的禁令就是这些举措之一，禁令原是一种古老的管理既定海洋区域和（或）陆地空间的模式。这一实践反映出在欧洲人到达之前，古代波利尼西亚人通过仪式传达出来的"禁忌"和"神圣"的概念，人类学家已对这些仪式进行了全面的记录。法波南方群岛的拉帕岛和社会群岛的迈奥岛率先恢复了禁令，这是当地社群的决定和举措，目的是保护不断衰退的自然资源。法波已有多项海洋保护方面的法律武器，包括：《海洋空间管理规划》《捕捞管制区》（ZPR），以及《环境法典》和世界自然保护联盟规定的其他相关内容，但是禁令并不属于上述任何具体法律的框架范围。

21世纪初，一个面积为760公顷的禁令区在塔希提半岛的提阿胡普公社诞生。这次行动由当地居民发起，并得到公社社长的坚定支持。自2014年起，这块禁令区还被列入《环境法典》（6类）规定的"海洋自然资源管理区"，受到法律保护。提阿胡普的禁令区是该公社长期努力支持当地居民尤其是渔民的结果。渔民们一直希望对一块物种丰富多样但是明显退化的地区加以保护，使该区域空间和资源免受过度捕捞的影响。因为该地非常神圣，其地理位置由祖先明确划定，弥足珍贵。出于对传统和神话的尊重，提阿胡普居民希望以自治的方式，设立临时禁令区，管理自己的资源。但是，鉴于现在的监管条件，这种选择意味着管理和管制违法人员和非法渔民将面临极大的困难。因此,该地随后通过法波环境事务署实现与国家合作,开启了符合本地需要的监管保护。当地居民要求对禁令区实施非常严格的监管:不许停留,不许从事任何活动。当然,这一措施的成果也很喜人:当地鱼类密度和生物量迅速攀升。

图 6.3.1 提阿胡普禁令区成为管理珊瑚礁的有力工具

所有与禁令区相关的决议和建议都要经过管理委员会的讨论和决定。管理委员会成员由居民代表、民选官员和行政官员构成。社群和地方行政代表在考虑和审视传统管理实践的同时又融入了当代法律和规范,这一兼收并蓄的过程具有决定性和创新性作用。虽然存在长期的殖民历史,当地社群对与国家机构在海洋资源管理方面进行合作疑虑重重，但是禁令最终还是进入现代国家规范的体系，并会像其他传统管理实践一样，增进当地社群的福祉。

从 2018 年开始，提阿胡普周边几个公社又设立了 4 个禁令区，且均被纳入《捕捞管制区》的保护范畴。这些举措目标一致：吸收当地社群推动海洋保护区发展，以最大限度地将当地社群的需求、价值和文化遗产融入保护区发展。禁令及与之相关的新兴管理制度既是创新的，也是基本的。它成了现代自然资源管理的替代方法，它还同时提醒我们，根植文化的传统实践和源自历史的管理规范完全可以与现代国家的法律决策和法律行为相协调，从而实现自然资源的可持续管理。

（波利娜·法布雷　塔马托阿·班布里奇　若阿基姆·克洛代）

神奇的共同财富
亟待我们保护

  法波是一片由 118 座岛屿组成的海域,这些岛屿分布在五大群岛,周边包含 500 多万平方千米的专属经济区。每个岛屿都是海底火山的残余部分,最古老的已有 3 000 万年的历史(土阿莫土群岛),其他的也都有几千年历史了(如马赫蒂亚岛)。这些岛屿散布在太平洋上,首先构成重大的地质奇观。

  其次,生物奇观的桂冠也要送给这些岛屿:小小的珊瑚环绕火山,形成一道岩石屏障,其间生活着成千上万种不同的物种。火山口已在自身重力作用下陷入海床。在较高的岛屿上,火山遗迹还依稀可见,而在土阿莫土群岛,火山已经被厚度达几百米的珊瑚层完全覆盖。马克萨斯群岛在 10 000 多年前也有珊瑚礁,但是珊瑚生长没赶上海平面上涨的速度,所以现在珊瑚礁已经位于海平面下 100 多米处。

  这一地质和生物的双重奇迹造就了丰富多彩的自然遗产——人类共同的财富,而人类发现并定居此地还不到 2 000 年的历史。虽然以火山活动和珊瑚礁为主,波利尼西亚诸群岛却给居民们提供了生存所需的数量巨大、丰富多样的海洋生物。这些岛屿分布在和欧洲面积一般大的区域内,在浩瀚的大洋中散落形成生物的避风港、人类航海和迁徙的中转站。

  天赐宝藏向世人开放,第一批发现并定居群岛的人来自亚洲。他们的食物、居所、宗教、社会组织、精神象征、历史和神话等都与珊瑚礁紧密相关。直到今天,珊瑚礁和海洋依旧共同构成波利尼西亚文明的根基。

  这些共同的财富本应该为所有人所共享。但从 19 世纪开始,西方殖民者、工商业界对其大肆开发，最终到了破坏殆尽、威胁其生存的地步。珠母贝养殖、捕鲸、开采磷酸盐矿、种植经济作物等，破坏了珊瑚礁最初赐予本地人的天然服务。随后，在自认为荒芜的区域使用核武器、人为排放垃圾和废水、扩建海滨和景观、工业捕捞金枪鱼、部分岛屿休闲游客容量超载，凡此种种，均增加了这一独特但脆弱的宝藏持续恶化的风险。再加上人类活动引发的气候变暖，哪怕法波情况尚好，依旧让我们担心珊瑚礁会发生严重退化。

图 6.4.1　土阿莫土群岛：中央为阿帕塔基环礁、托奥环礁、法卡拉瓦环礁

这份天然的共同财富要妥善管理，不容许任何人以任何方式滥用：如被某些特权者或沿岸居民侵占，或被工商业界侵吞其资源，甚或放任不管，任人使用。它不再仅仅是一份天然资产，而是已被纳入复杂的社会体系。在该体系中，使用冲突、资源滥用和侵吞行为需要加以监管，同时兼顾资源保护、地区食物资源布局、公共区域进入、传统文化和旅游业发展及商业化等问题。半个多世纪来，法国岛屿研究与环境观测中心不断增进对珊瑚礁的了解，记录整理相关生态系统服务状况，这对裁决使用争端、监管珊瑚礁利用状况均具有基础性作用。

（弗朗索瓦·费拉尔）

波利尼西亚独创的珊瑚礁管理模式

　　莫雷阿岛距塔希提仅 17 千米，该岛美丽绝伦，200 万年前是通向太平洋的出海口。被侵蚀的火山山坡和罗杜山山坡从陷落的火山口拔地而起。莫雷阿岛呈三角形，面积有 134 平方千米，其中包括 49 平方千米的潟湖和 70 千米长的海滨。其陆地和海洋生态系统都呈现出一种向心结构。海滨平原比较狭窄，珊瑚礁结构从沙滩延续到海洋，包括岸礁区、水道、堡礁区、礁前区和礁外坡。12 条潮汐通道基本位于河口。水道与海岸平行，有的是天然形成，有的为人工开辟，都极大地便利了小船行驶。

　　列维－斯特劳斯（Claude Lévi-Strauss）曾经说："建构的空间是社会的反映，正如对自然的规划是对实施规划的社会的反映一样。"直到第二次世界大战，莫雷阿岛的经济还是靠捕鱼以及椰子、香草、咖啡和菠萝种植。现在，旅游则成为其经济支柱。但是，一个波利尼西亚人无论在别处具有什么身份，都始终保持着海洋捕鱼人的本色。

　　由于莫雷阿岛声名在外，又与塔希提近在咫尺，所以近 40 年里人口增加了两倍。人口多样，利益分歧和冲突对立也多，这充分体现在对海滨和潟湖的利用方式上。

　　从 1992 年开始，主流观点是以管理城市的方式来管理法波潟湖和陆地空间。相应地，国土规划法规合并了两项程序，出台了《海洋空间管理规划》，通过分区和建立相关法规，从规范资源开采和规范人类活动两个层面，减少海洋空间使用冲突和海滨扩张，使《海洋空间管理规划》成为公共空间管理的有力工具。

图 6.5.1　莫雷阿岛一处黄色界桩指示的《海洋空间管理规划》区域，该区域内实施特殊的管理制度以保护珊瑚礁生物多样性

此外，《海洋空间管理规划》包含了监测规划实施情况、评估规划措施有效性的工具。该监测工具将国家、公社、民间团体和作为科学顾问的法国岛屿研究与环境观测中心有效联结了起来。

交流、沟通、传达、倾听、寻求共同点、避免对立……评估和修订《海洋空间管理规划》的谈判进行了 6 年，这 6 年是漫长的、艰巨的，也见证了各方利益的分歧。谈判支持各方共同的愿望，即避免激进的城市化导致空间贬值及景观破坏。谈判也使得各方会见、达成共识，并将该共识交由行政部门执行。

《海洋空间管理规划》的核心是其管理机构，它代表着中央和地方两大团体，并通过经济参与者和诸多协会代表民众。虽然该机构与中央行政机关也有联系，但是由于莫雷阿市长，尤其是莫雷阿岛公民社会的参与，因而中央监管较为放松。

《海洋空间管理规划》是各方达成共识的成果，其科学性经得起时间的考验。环境观测中心从一开始就是积极的参与者，多亏中心具备的科学专业知识，一些城市规划标准和生态标准才能用以定期评估《海洋空间管理规划》的有效性。

（安妮·奥巴内尔）

在"蓝色投资"中航行

就一些海洋关键生态系统如珊瑚礁来看，海洋面临的威胁着实令人担忧。因此，对这些庇护着生物多样性的区域加以保护，正越来越多地进入公共方案和政治议程。海洋保护区（MPA）的提出和设立就是一个振奋人心的例子。这个概念是世界自然保护联盟于1962年在美国西雅图举办的第一届世界公园大会时提出的，现在全世界已拥有20 000个这样的保护区，其主要目标是保护海洋生态系统和相关的生物多样性。从20世纪80年代开始，社会经济发展和海洋保护区协同管理相结合的趋势越来越明确，因此，我们在海洋保护区的生态维度加入了经济社会发展这一重要维度。毋庸置疑，今天的海洋保护区凭借严格的科学方法、各利益方参与的高效管理以及适当的投资，已经成为我们保护海洋多样性、加强蓝色经济的最佳工具之一。

但是扩大海洋保护区并对其有效管理的资金不足已经成为重要问题，这一点在发展中国家表现得尤为明显。据估计，世界上65%的海洋保护区管理资金不足，91%人员短缺。快速扩张但投资不足可能导致"纸上保护区"爆发式增长，这种保护区背离其社会和生态目标，资金上也无法自足。

所以，资金问题是目前讨论的核心问题，这不仅事关保护海洋的美丽和丰富，还关系到保护珊瑚礁给世界5亿人口提供的无可替代的众多生态服务。

"影响力投资"是通过向企业、基金或机构投资实现经济回报的同时，还能产生积极的社会和环境效应的一种投资模式。这类投资发展迅速，尤其涌现于可再生能源领域和医疗领域。2018年底，影响力投资行业价值已达到5 020亿欧元。但是环境保护项目，尤其是海洋生态系统保护项目吸收到的影响力资金极为有限，主要原因在于此类项目缺乏具体的资金回报机会。

好在协同管理提供了一个创新路径。一些政府通过与私营合作伙伴订立协同管理合约改善投资缺乏的状况，伯利兹、博内尔岛、坦桑尼亚、菲律宾就是如此。这些国家或地区将海洋保护区的全部或部分日常管理权授予一些协会或团体。这种机制使得影响力投资者能够承担起初始资金投入。最近，蓝色金融公司（Blue Finance）提出的一个投资和协同管理方案开始实施，该方案通过与加勒比海地区最大的海洋保护区签署建立公－私合作伙伴关系，对多米尼加共和国80万公顷的海洋资源进行可持续管理。

这种方式是可以复制的，蓝色金融公司和发展中国家的另外5个海洋保护区项目业已展开，最终目标是从现在起到2030年完成与10个海洋保护区的合作项目，以期持久保护并管理珊瑚礁罕见的生物多样性和相关生态服务。

这一方式也将为世界范围内其他海洋保护区吸收影响力投资保护海洋、发展经济而树立榜样、开创先例。

（尼古拉·帕斯卡尔　安热莉克·布拉思韦特

若阿基姆·克洛代　埃里克·克卢瓦）

图 6.6.1　人类与珊瑚礁的互动

©Thomas Vignaud

大自然为我们提供服务吗

热带生态系统具有丰富的生物多样性和重要的生态功能，为人类的美好生活提供了不可或缺的生态系统服务。生态系统服务是新近出现的概念，这个概念本身就包含着矛盾：它一方面表现出人类对大自然的一种功利主义观点，另一方面却将人类和非人类共同置于我们今天称之为社会经济的系统中进行综合考量。这一概念正一点点地渗入其他学科，可能会像生物多样性概念一样，持久地改变我们的热带生态实践。

当谈到生态系统保护时，我们总会提及生态系统的"文化服务"，但是要明确说明文化服务的特征是一件很难的事情。文化服务一般被定义为生态系统的"审美、艺术、教育、精神和科学价值"，对此很难再加上商业或非商业价值。将人类和自然分离是西方式的建构，并未成为所有社会的共识，其他大部分社会持有一种人与自然和谐统一的观念。给某些生态系统的文化服务，例如精神服务赋予价值，就目前的情况而言，将是一项冒险的实验。社会科学则注重社会进程研究，并吸收地方利益相关群体（村民、行业协会等），以便对生物多样性的价值等级进行划分。

很多热带地区由于相关机构较少，很难建立起协调一致的生物多样性管理措施来促进可持续发展。另外，这些地区由于经费匮乏，因而设立了一些新的自治和共治机制。其中，生态系统服务费就是让使用者（例如生态游客）为使用的生态系统服务付费。这种基于交易的经济机制虽然有很多局限，但在某些热带地区还是有效的。

目前还在开展一些研究项目，其目的在于指导热带生物多样性使用的适应性和（或）可转换性，以便其产品和服务持久存续。概率动力模型能够描述社会生态系统在不同约束条件下的功能反应。模型包括自然、社会、经济、人口、法律或政治等功能特征。描述海岸社会生态系统的社会、自然功能特征，量化它们之间的关系，并根据社会转型变化、气候变化和管理决策等场景，对海岸社会生态系统产品和服务指数的路径进行建模预测，都是极其重要的。

（若阿基姆·克洛代）

全民参与珊瑚礁保护

　　环境污染、过度开采、海洋酸化、气候变暖……珊瑚礁正面临着重重威胁。多年来，研究人员一直记录着珊瑚礁的健康状况，而最近 10 多年，他们伤心地发现全世界范围内的珊瑚礁正在退化，其生物多样性正在下降。法波也不例外。2019 年持续数月的异常高温给法波珊瑚礁带来史无前例的损失，一些岛屿礁外坡有将近 40% 的珊瑚死亡。记录这些损失对一个将毕生精力投入珊瑚礁保护事业的人而言，实在是沮丧之极。面对这个不断变化且变化趋

图 6.7.1　2019 年莫雷阿岛珊瑚白化事件中，公民受邀提供发生白化现象地区的信息

势不可逆转的世界，气馁和无力感几乎不可避免。即使这样，珊瑚礁研究专家也不能坐以待毙，而是要尝试各种可能让公众意识到采取行动的紧迫性。

近些年，科学家发现一条动员全社会通过定期具体的行动来参与保护珊瑚礁的途径。可见，参与式科学是一个不可思议的工具。法波科学家的研究范围跨越 500 多万平方千米的地区，涉及 118 座岛屿，这是多么庞大的工程！好在他们并不是单打独斗的！ 2016 年，两名忧心珊瑚礁未来的爱好者启动了"珊瑚礁一瞥"项目，该项目的目标是收集公民观察珊瑚礁所得信息，主要来自那些在日常活动中能够经常性观察到潟湖状况的公民。确实，潜水、捕鱼、游泳、航海等活动使得众多公民观察到一种令人不安的异常现象：本地 23 个岛屿同时出现珊瑚白化现象，而研究人员只记录到其中 5 个岛屿的白化现象。因此，公民参与观察得到的情况帮助科学家确定了那次白化现象的规模，其规模比他们之前想象的严重得多。

"珊瑚礁一瞥"基于简单的协议，就能收集到大规模、大范围的信息，包括偏远地区和研究数据不足地区的信息，从而为科学家更准确地评估波利尼西亚珊瑚礁的健康状况提供必不可少的数据。参与者无须成为一名专家，因为要收集的信息都是事实性的：您看到了什么？在哪儿看到的？有没有什么异常情况？是否有大批珊瑚白化？寥寥数平方米就有十几个吞吃珊瑚的海星吗？海藻异常繁盛吗？是否有之前从未见过的生物出现？为了方便收集信息，法国太平洋珊瑚礁研究所的官网上有观察记录表。填写这份记录表是公民和科学家建立联系的第一步，随后科学家还会联系公民了解更多细节，甚至获取公民拍摄的照片，因为这些都能帮助识别所观察到的现象。

设立该项目的初衷是汇报"问题"，但是事实证明，它也成为获取好消息

©TWIMH/Jean-Claude Fischer

图 6.7.2　公民项目"珊瑚礁一瞥"的标志

的前哨！确实，异常情况也不总是坏消息。一群经常观察珊瑚产卵的志愿者帮助研究人员确定了珊瑚产卵的时间和地点，一些潜水员在无人知晓的深水区发现了美丽的珊瑚礁，另一些则发现了以前被认为是法波所没有的鱼类或裸鳃类动物。所有这些信息都对研究人员意义重大，他们虽然分身乏术，但始终对异常事件保持着警觉，而希望自己所见所闻能发挥作用的公民观察员，能提供更多有关珊瑚礁生态系统总体状况的可靠资料，这正是科学发展所需要的。

参与式科学对公民而言，也是融入一个社群的方式，在这一社群里，他们发现或重新发现珊瑚礁的美丽和脆弱，分享并交换他们的感受和见闻，还能学习并深化自身的知识，转而再分享给其他人。对于痴迷珊瑚礁研究的我们而言，这种参与使我们满怀希望，希望公众越来越强烈地意识到珊瑚礁的重要性，并能促成变化、推进行动，以使这一独特的生态系统能够长存。

（利蒂希娅·埃杜安　塞西尔·贝尔特）

艺术：科学传播的盟友

宇宙学家于藏（Jean-Philippe Uzan）认为："艺术和科学有一个共同点，那就是它们均通过使不可见之物成为可见之物，来向世界提出问题。"当我们谈论珊瑚礁时，情况正是如此。对于大多数地球人而言，珊瑚礁是水下世界，因而是不可见的世界，珊瑚礁还是微小生物的世界，那些珊瑚水螅体就个体而言才几毫米大，但它们聚在一起，构成了地球上最大的生物建设工程！

远在防水相机出现前，艺术就为科学提供了珊瑚礁生态系统的图片。例如物种分类版画制作严谨，从 18 世纪开始就将生活在水下的奇异生物展示给了世人，使水下世界在水上可见。法国岛屿研究与环境观测中心也曾多次联合艺术界来展示其科学发现。2015 年，环境观测中心曾邀请摩洛哥艺术家阿加莎（Agathak）参与合作，她历时数月，与科学家近距离接触，完成了多幅自然环境中的速写（有时甚至在水下）。她的作品能更生动、更直观地解释科学研究技术、生物行为和生物间的互动。她还为科普文章和项目报告作插画，并在科学节上主持了一场工作坊，她凭借其艺术家的敏锐，将珊瑚世界呈现给了公众。

最近几年，环境观测中心也意识到多角度看待科学活动的重要性，以便为更多公众提供获取信息和知识的机会。2018 年，中心创造了与艺术家合作的新经验，在举办"2018 国际珊瑚礁年"（IYOR2018）之际，组织了一场名为"珊瑚礁，既是艺术品，也是科学研究对象"的展览。展览的目的是汇集各类艺术创作，使更多人接收到这个特殊的年份所要传达的信息。25 名艺术家积极响应：他们采用 9 种不同技法，使用 12 种不同材料，从不同的视角展现了珊瑚礁生态系统。那次展览取得了圆满成功。

图 6.8.1　卢泽的油画，作于 2018 年

　　艺术可以帮助科学表现和解释不可见之物，艺术还可以挑战、质疑，或支持科学进行无休止的探索。卢泽（Olivier Louzé）在塔希提展出的作品，就直指近几十年来一种令人担忧的趋势：塑料废品污染。艺术向科学研究对象投去或担忧或质疑或挑衅的目光，能够敦促科学继续向前发展。当然科学的发现也能转而反哺艺术。艺术不但能够借助科学发现的新技术和新材料获得新的创造力，它还可以从科学探索新世界、新生物、新前景的敏锐视角中汲取灵感。例如，艺术家贝尔尼（Bernie）也参加了塔希提的这次展览，这充分激发了他对海底世界的好奇。他通过珊瑚礁生物找到了新的艺术灵感，并于 2020 年出版了新作品。

　　艺术就这样在激发情感的同时，参与普及科学发现，而科学发现反过来又能哺育艺术。

（塞西尔·贝尔特）

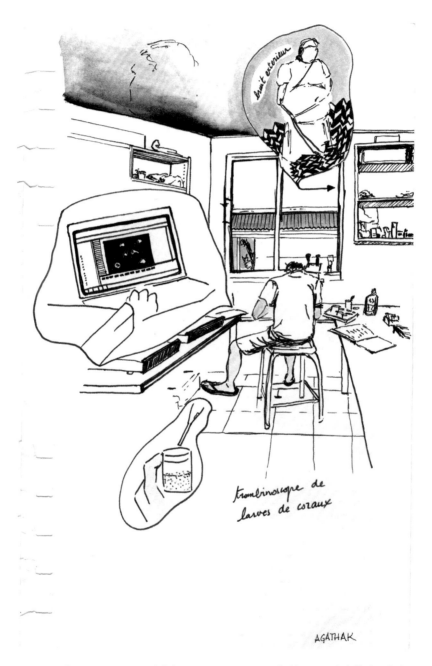

图 6.8.2 《环境观测中心日志》(*Carnets du Criobe*，阿加莎，2015 年)节选，该速写展示了珊瑚礁扦插技术

珊瑚礁科学的大众传播

弄清珊瑚礁生态系统的运行机制、提出保护这一重要资源的可行方案，在这方面，科学研究大有作为，并且具有不可替代的重要作用。但是除此之外，还有更为迫切的问题需要解决，那就是将科学知识和研究结果分享给有能力改变现状的人。这些人可以分为三类，分别是：政治决策者，地方参与者（包括协会、企业、团体），以及公民个人。他们要采取行动，就需要扎实可靠的知识，并基于知识进行决策。这就轮到科学普及大显身手了。

拉丁词"vulgaris"*意为"普通的"或"寻常的"，但该词和"故事、叙事"连用时，也包含"广为人知"之意，科学普及就是将科学知识传播给尽可能多的人，让更多的人了解知识。为此，需要将科学研究所使用的复杂的专业术语翻译转换为人人能理解的通俗话语。无异于其他形式的翻译，这一过程往往会违背原作的内容。的确，将莎士比亚（William Shakespeare）的英文原作翻译为法语时，就会出现违背作者原意的情形，因为法语和英语属于两种不同的语言，它们描述情感或感情的词汇并不完全相同。科学著作的翻译转换也面临同样的问题。很多科学家劳神费力尝试翻译自己的著作，但结果往往并不理想。

即便如此，将专业科学知识转换为便于进行科普的知识还是非常必要的。科普的最大优势在于可供使用的载体丰富多样（当然语言也丰富多样）。任何曾给某个群体（如儿童、大学生、参观者等）做过报告的人，都有过这样的经验：并非所有人都会倾听（或听懂）你讲的内容。因为每个人兴趣爱好不同，

---

* 法语"vulgarisation"意为"普及"，对应的拉丁语形容词为"vulgaris"。——译者

且兴趣爱好还会随着时间流逝而发生变化。此外，每个人对周遭世界的看法也不尽相同。所以，如果仅仅借助一种方式传播知识，那就只能触及一小部分人。科普的优势恰好在于，科普传播者众多、传播方式多元：可以重构经验，可以是 3D 动画、连环画、讲座、展览、工作坊、访谈或体验活动，等等。近几年来，还有一种新的科普方式持续引起公众的关注，那就是网络科普：无论年轻还是年长，无论是刚刚拿到文凭还是已深耕多年，科学家都面对镜头，尝试将复杂的科学概念传达给普罗大众。

这项普及工作是全球进程的一部分，在这一进程中，每个人不再是一个旁观者，而是成为其学习过程中的一个行动者。例如，在一些专门设置的方便交流知识的公共空间（演播厅、展览厅、工作坊等），公众可以与其他人交流讨论，以此增进理性思考。可见，技术和空间的多样化使科普知识得以触及尽可能广泛的人群。

气候变化和众多人为压力因素给珊瑚礁造成的影响非常严重。珊瑚礁保护至关重要，不仅仅因为其与生俱来的生物多样性，还因为世界上有 5 亿人直接依赖珊瑚礁生活。法国岛屿研究与环境观测中心已经花了 20 年时间在法国本土、海外领地和全世界传播科学知识。中心的科学家参与到各级各类的行动中，从直接联系政府负责人，到积极参加各项公共活动，如全国科学节、科学考察团等，他们还利用各类媒体，特别是大胆利用可能会呈现不完美的网络媒体来推介其研究成果，而一般科学家拒绝做这种尝试。

借助科学的探索，我们才能更好地理解一个生态系统的运行机制，从而更好地保护该生态系统。只有将知识高效地传播给更多人，科学才能启发政治决策或公民行动，从而在全球范围内推动措施的落实，共同保护我们的珊瑚礁。

（塞西尔·贝尔特）

作者简介

迈赫迪·阿杰鲁（Mehdi Adjeroud）

法国太平洋与印度洋热带海洋生态学研究组

瓦希尼·阿于尔·鲁鲁阿（Vahine Ahuura Rurua）

法国海洋岛屿生态系统研究组

马克·安德尔（Mark Andel）

美国数字地球基金会

埃里克·阿姆斯特朗（Eric Armstrong）

法国岛屿研究与环境观测中心

安妮·奥巴内尔（Annie Aubanel）

法国岛屿研究与环境观测中心

塔马托阿·班布里奇（Tamatoa Bambridge）

法国岛屿研究与环境观测中心

贝尔纳·巴奈（Bernard Banaigs）

法国岛屿研究与环境观测中心

里卡多·贝尔达德（Ricardo Beldade）

智利天主教大学

韦罗尼克·贝尔托 – 勒塞利耶（Véronique Berteaux-Lecellier）

法国太平洋与印度洋热带海洋生态学研究组

塞西尔·贝尔特（Cécile Berthe）

法国岛屿研究与环境观测中心

弗雷德里克·贝尔图奇（Frédéric Bertucci）

　　法国岛屿研究与环境观测中心；比利时列日大学功能与进化形态学实验室

马克·贝松（Marc Besson）

　　法国岛屿研究与环境观测中心

梅拉妮·比奥斯克（Mélanie Biausque）

　　法国岛屿研究与环境观测中心

埃米莉·布瓦森（Émilie Boissin）

　　法国岛屿研究与环境观测中心

伊莎贝尔·博纳尔（Isabelle Bonnard）

　　法国岛屿研究与环境观测中心

纳塔莉·邦当－塔皮西耶（Nathalie Bontemps-Tapissier）

　　法国岛屿研究与环境观测中心

路易·博尔南桑（Louis Bornancin）

　　法国岛屿研究与环境观测中心

波利娜·博瑟雷勒（Pauline Bosserelle）

　　法国岛屿研究与环境观测中心；新喀里多尼亚南太平洋共同体

扬·布尤科（Ian Bouyocos）

　　法国岛屿研究与环境观测中心

克洛艾·布拉米（Chloé Brahmi）

　　法国海洋岛屿生态系统研究组

洛伦佐·布拉曼蒂（Lorenzo Bramanti）

　　法国底栖环境生态地球化学实验室

西蒙·J. 布兰德尔（Simon J. Brandl）

　　法国岛屿研究与环境观测中心；美国得克萨斯大学奥斯汀分校海洋科学研究所

安热莉克·布拉思韦特（Angélique Brathwaite）

蓝色金融公司

雷米·卡纳韦西奥（Rémy Canavesio）

法国岛屿研究与环境观测中心

杰雷米·卡洛特（Jeremy Carlot）

法国岛屿研究与环境观测中心

帕梅拉·卡尔宗（Pamela Carzon）

法国岛屿研究与环境观测中心；"法属波利尼西亚朗伊罗阿环礁的海豚"协会

约尔丹·M.卡塞伊（Jordan M. Casey）

法国岛屿研究与环境观测中心；美国得克萨斯大学奥斯汀分校海洋科学研究所

扬尼克·尚瑟雷勒（Yannick Chancerelle）

法国岛屿研究与环境观测中心

若阿基姆·克洛代（Joachim Claudet）

法国岛屿研究与环境观测中心

卡米耶·克莱里西（Camille Clerissi）

法国岛屿研究与环境观测中心

埃里克·克卢瓦（Éric Clua）

法国岛屿研究与环境观测中心

安托万·科兰（Antoine Collin）

法国滨海、环境、遥感与地理信息学研究组

埃里克·孔特（Éric Conte）

法国海洋岛屿生态系统研究组

达夫妮·科特斯（Daphne Cortese）

法国岛屿研究与环境观测中心

276

伊莎贝尔·科泰（Isabelle Côté）

　　加拿大西蒙菲莎大学

法比耶纳·德尔富尔（Fabienne Delfour）

　　法国图卢兹国立兽医学校

维奥莱纳·多尔福（Violaine Dolfo）

　　法国岛屿研究与环境观测中心

埃马纽埃尔·多尔米（Emmanuel Dormy）

　　法国巴黎高等师范学校

卡罗琳·E. 迪贝（Caroline E. Dubé）

　　法国岛屿研究与环境观测中心；加拿大拉瓦尔大学魁北克分校系统与综合生物学研究所；美国加州科学院

菲利普·迪布瓦（Philippe Dubois）

　　比利时布鲁塞尔自由大学

樊尚·迪富尔（Vincent Dufour）

　　法国蒙彼利埃进化科学研究所

塞巴斯蒂安·迪泰特（Sébastien Dutertre）

　　法国穆斯龙生物大分子研究所

金·厄斯塔什（Kim Eustache）

　　法国岛屿研究与环境观测中心

波利娜·法布雷（Pauline Fabre）

　　法国岛屿研究与环境观测中心

塞西尔·福夫洛（Cécile Fauvelot）

　　法国太平洋与印度洋热带海洋生态学研究组

弗朗索瓦·费拉尔（François Féral）

　　法国岛屿研究与环境观测中心

弗朗索瓦丝·加伊（Françoise Gaill）

法国国家科学研究中心

勒内·加尔赞（René Galzin）

法国岛屿研究与环境观测中心

塞西尔·加斯帕尔（Cécile Gaspar）

"海洋精神"基金会

让－皮埃尔·加图索（Jean-Pierre Gattuso）

法国滨海自由城海洋学实验室

西尔维·若弗鲁瓦（Sylvie Geoffroy）

法国岛屿研究与环境观测中心

玛蒂尔德·戈德弗鲁瓦（Mathilde Godefroid）

比利时布鲁塞尔自由大学

阿德琳·戈约（Adeline Goyaud）

法国岛屿研究与环境观测中心

玛丽·哈格多恩（Mary Hagedorn）

美国史密森尼学会；夏威夷海洋生物研究所

米雷耶·阿尔默兰－维维安（Mireille Harmelin-Vivien）

法国艾克斯－马赛大学

利蒂希娅·埃杜安（Laetitia Hédouin）

法国岛屿研究与环境观测中心

雷尔·霍维茨（Rael Horwitz）

以色列海法大学

尼古拉·安甘贝尔（Nicolas Inguimbert）

法国岛屿研究与环境观测中心

让－奥利维耶·伊里松（Jean-Olivier Irisson）

法国巴黎索邦大学

亨德里克耶·约里森（Hendrikje Jorissen）

　　法国岛屿研究与环境观测中心

穆赫辛·卡亚勒（Mohsen Kayal）

　　法国太平洋与印度洋热带海洋生态学研究组

奇亲龙（Chin Long Ky）

　　法国海洋开发研究所

樊尚·洛代（Vincent Laudet）

　　日本冲绳科学技术研究院

戴维·莱基尼（David Lecchini）

　　法国岛屿研究与环境观测中心

加埃勒·勒塞利耶（Gaël Lecellier）

　　法国太平洋与印度洋热带海洋生态学研究组；巴黎－萨克雷大学

萨拉·莱默（Sarah Lemer）

　　关岛大学海洋实验室

卡米耶·莱昂纳尔（Camille Léonard）

　　法国岛屿研究与环境观测中心

韦托·廖（Vetea Liao）

　　法属波利尼西亚海洋资源局

蒂耶里·利松·德洛马（Thierry Lison de Loma）

　　法国岛屿研究与环境观测中心

阿兰·罗－亚（Alain Lo-Yat）

　　法国海洋开发研究所

苏珊娜·C.米尔斯（Suzanne C. Mills）

　　法国岛屿研究与环境观测中心

吕西安·蒙塔焦尼（Lucien Montaggioni）

　　法国艾克斯－马赛大学

法比安·莫拉（Fabien Morat）

　　法国岛屿研究与环境观测中心

约翰·穆里耶（Johann Mourier）

　　法国海洋生物多样性、开发与保护研究组

玛吉·尼格（Maggy Nugues）

　　法国岛屿研究与环境观测中心

埃里克·帕尔芒捷（Éric Parmentier）

　　比利时列日大学功能与进化形态学实验室

瓦莱里亚诺·帕拉维奇尼（Valeriano Parravicini）

　　法国岛屿研究与环境观测中心

尼古拉·帕斯卡尔（Nicolas Pascal）

　　法国岛屿研究与环境观测中心；蓝色金融公司

克洛德·佩里（Claude Payri）

　　法国太平洋与印度洋热带海洋生态学研究组

露西·佩宁（Lucie Penin）

　　法国太平洋与印度洋热带海洋生态学研究组

贡萨洛·佩雷斯 – 罗萨莱斯（Gonzalo Pérez-Rosales）

　　法国岛屿研究与环境观测中心

米雷耶·佩罗 – 克洛萨德（Mireille Peyrot-Clausade）

　　法国艾克斯 – 马赛大学

米歇尔·皮雄（Michel Pichon）

　　澳大利亚昆士兰热带博物馆

珍妮·皮斯特沃斯（Jennie Pistevos）

　　法国岛屿研究与环境观测中心

塞尔日·普拉内（Serge Planes）

　　法国岛屿研究与环境观测中心

让－皮埃尔·普安捷（Jean-Pierre Pointier）

　　法国岛屿研究与环境观测中心

约瑟夫·普潘（Joseph Poupin）

　　英国布里斯托大学

克洛艾·波萨斯－沙克尔（Chloé Pozas-Schacre）

　　法国岛屿研究与环境观测中心

安迪·雷德福（Andy Radford）

　　英国布里斯托大学

卡特琳娜·里奥－戈班（Catherine Riaux-Gobin）

　　法国岛屿研究与环境观测中心

乔治·理查尔（Georges Richard）

　　法国拉罗谢尔大学，法国国家自然博物馆通讯会员

爱洛伊丝·鲁泽（Héloïse Rouzé）

　　法国岛屿研究与环境观测中心

阿莱西奥·罗韦雷（Alessio Rovere）

　　德国不莱梅大学海洋环境研究中心

乔迪·鲁默（Jodie Rummer）

　　澳大利亚詹姆士库克大学

贝尔纳·萨尔瓦（Bernard Salvat）

　　法国岛屿研究与环境观测中心

皮埃尔·萨萨尔（Pierre Sasal）

　　法国岛屿研究与环境观测中心

尼娜·M. D. 席特卡特（Nina M.D. Schiettekatte）

　　法国岛屿研究与环境观测中心

史蒂夫·希姆斯彭（Steve Simspon）

　　英国埃克塞特大学

吉勒·邵（Gilles Siu）

　　法国岛屿研究与环境观测中心

玛格丽特·塔亚鲁伊（Marguerite Taiarui）

　　法属波利尼西亚海洋资源局

米里·塔塔拉塔（Miri Tatarata）

　　塔拉科学考察基金会

弗雷德里克·托朗特（Frédéric Torrente）

　　法国岛屿研究与环境观测中心

罗曼·特鲁布莱（Romain Troublé）

　　塔拉科学考察基金会

玛丽 – 泰雷兹·维内克 – 佩雷（Marie-Thérèse Vénec-Peyré）

　　法国国家自然博物馆

热雷米·维达尔 – 迪皮奥尔（Jeremie Vidal-Dupiol）

　　法国宿主 – 病原体 – 环境互动研究组

维姆·维维尔曼（Wim Vyverman）

　　比利时根特大学

奥尔内拉·魏德里（Ornella Weideli）

　　法国岛屿研究与环境观测中心

杰弗里·T. 威廉姆斯（Jeffrey T. Williams）

　　美国国家自然历史博物馆；史密森尼学会

安杰伊·维特科夫斯基（Andrzej Witkowski）

　　波兰什切青大学

本书中的各项研究得到以下机构资助：

　　法国生物多样性署"PolyAFB"项目

法国国家科研署"ACRoSS""CoralMates""CoralGene""DeepHope""R-ECOLOGS""Biodiperl"项目

宝珀

加拿大社会科学和人文科学研究委员会

法国国家科学研究中心"DEEPREEF"项目

法属波利尼西亚农业部科研处"DEEPCORAL"项目

法属波利尼西亚环境事务署

法国巴黎银行基金会"Reef Services"

法兰西基金会"ACID REEFS""INTHENSE"项目

法国生物多样性研究基金会

比利时科学研究基金会

法国基因组计划

法国珊瑚礁保护组织"Poly Bleach"项目

法国太平洋珊瑚礁研究所

法国国家科学研究中心宇宙科学研究所珊瑚礁观察处

珊瑚卓越实验室"ARCOS""Coralline""Game""Syntox""TriMax"项目

"让地球再次伟大"科学计划

法属波利尼西亚海洋矿产资源局法波珠母贝遗传改良计划

法国海外事务部"Aqua-Coral"项目

法国生态转型部

波利尼西亚水务公司

南太平洋珊瑚礁倡议(CRISP)

Seaboost 公司"Reef 2.0"项目

"极地之下"探险队

致　谢

截至 2021 年，法国岛屿研究与环境观测中心开展珊瑚礁研究已经 50 年了。编写《迷人的珊瑚礁》正是想对这 50 年的研究工作进行一次梳理总结。对很多人来说，花费整整半个世纪的时间研究珊瑚礁可能有些难以理解，但对研究人员自身而言，这是理所当然的事情。研究过程提出的问题经常比解决的问题多得多，这正是研究工作的魅力所在。本书揭示了珊瑚礁的一些秘密，但同时提出了更多的疑问，因为珊瑚礁生态系统错综复杂，具有异乎寻常的生物多样性，这使得对珊瑚礁的探索、发现和理解都变得无穷无尽……

从探索珊瑚礁生物多样性到描述目前珊瑚礁面临的诸多威胁，珊瑚礁研究随着时间推移和技术进步在不断推进。最初，编写本书不过是一个不成熟的计划，一次会议上酝酿出的一个"有点疯狂"的想法而已。如今，《迷人的珊瑚礁》已经华丽诞生，这要归功于本书的所有作者，他们慷慨地将自己的研究成果公布于众，才促成了本书的诞生。要知道，有时候让这些科学家暂时搁置科学研究的严谨性，放弃文献引用，排除精确数据，走出思维定势，尝试向所有对珊瑚礁感兴趣的人传播知识，还真不是一件容易的事情。

我首先要真诚感谢所有作者包括共同作者的努力：正是他们的辛苦付出，这本书的内容才能如此丰富多彩。

我还要真诚感谢所有摄影师，他们无偿为本书提供了所有图片，这些图片一张比一张精美、一张比一张奇特。的确，术业有专攻。虽然研究人员善于观察和发现珊瑚礁的美，但并不是所有人都能用镜头将其捕捉到。此外，一次潜水也不可能既进行科学测量又拍摄照片，还是需要有所取舍。所以，我非常感谢所有摄影师，如果没有他们的图片，本书可能就是另一副面貌了。

同时我还要感谢本书科学委员会的成员，他们是：普拉内、尼格、克卢瓦、安甘贝尔、萨萨尔。

最后，我要衷心感谢法国国家科学研究中心出版社，尤其是编辑贝洛斯塔（Marie Bellosta），感谢她的热情、激励和不断的鼓舞。感谢出版社总经理让东（Blandine Genthon），她从一开始就支持此项目，并不断鼓励我们向前推进。正是得益于她们合理中肯的建议，本书才会以今天的面貌带领广大读者朋友去探索迷人的珊瑚礁。

主持编写《迷人的珊瑚礁》实在是一场迷人的经历。在此过程中，我发现了科学普及的魅力，邂逅了法国国家科学研究中心出版社的团队，并结识了更多环境观测中心的研究人员，他们在中心短短50年的历史上留下了浓墨重彩的一笔。我希望阅读此书能让读者了解我们的日常生活。研究珊瑚礁使我们发现了一个非凡的世界，一个奇妙惊人的世界。虽然研究工作有时难免令人沮丧，因为这些脆弱的生态系统正面临着人类巨大的破坏力，但是，我相信，珊瑚礁还会在未来的某个时候重新惊艳我们……

图书在版编目（CIP）数据

迷人的珊瑚礁 /（法）利蒂希娅·埃杜安主编；梁
云译 . —上海：上海科技教育出版社，2024.8
（迷人的科学丛书）
ISBN 978-7-5428-8092-5

Ⅰ.①迷… Ⅱ.①利… ②梁… Ⅲ.①珊瑚礁－普及
读物 Ⅳ.① P737.2-49
中国国家版本馆 CIP 数据核字（2024）第 006235 号

责任编辑　陈　也
版式设计　杨　静
封面设计　赤　祥

MIREN DE SHANHUJIAO
迷人的珊瑚礁
［法］利蒂希娅·埃杜安　主编
梁　云　译

出版发行　　上海科技教育出版社有限公司
　　　　　　（上海市闵行区号景路 159 弄 A 座 8 楼　邮政编码 201101）
网　　址　www.sste.com　　www.ewen.co
经　　销　各地新华书店
印　　刷　上海颛辉印刷厂有限公司
开　　本　720×1000　1/16
印　　张　19
版　　次　2024 年 8 月第 1 版
印　　次　2024 年 8 月第 1 次印刷
书　　号　ISBN 978-7-5428-8092-5/N·1206
图　　字　09-2023-0076 号
定　　价　108.00 元